Bibliografische Information der Deutschen Nationalbibliothek:

Die Deutsche Bibliothek verzeichnet diese Publikation in der Deutschen Nationalbibliografie; detaillierte bibliografische Daten sind im Internet über http://dnb.d-nb.de/ abrufbar.

Impressum:

Druck und Bindung: Books on Demand GmbH, Norderstedt Germany
ISBN: 9783668678712

Dieses Buch bei GRIN:

https://www.grin.com/document/417332

Susanne Schmidt

Pflanzen im Wandel. Genussmittelpflanzen in unserem Alltag

GRIN Verlag

Universität Hildesheim
Fachbereich IV: Mathematik, Naturwissenschaften, Wirtschaft & Informatik
Institut für Biologie und Chemie
Studiengang: Polyvalenter Zwei-Fächer-Bachelor mit Lehramtsoption GS

Bachelorarbeit

Zum Erwerb des Grades Bachelor of Science (B.Sc.)

Thema:

Pflanzen im Wandel – Genussmittelpflanzen in unserem Alltag

Vorgelegt von:
Susanne Schmidt
Abgabedatum: 04.04.2017

Inhaltsverzeichnis

I Abbildungsverzeichnis

1 Einleitung

Schon vor langer Zeit haben diverse Genussmittel neben unserem reichhaltigen Nahrungsmittelangebot, Einzug in unser Leben gehalten und sind mittlerweile sogar vollkommen selbstverständlich in unsere Alltagskultur integriert. Auch wenn nicht alle, in dieser Arbeit thematisierten Genussmittel, mit rein positiven Attributen beschrieben werden können, sind sie dennoch in ihrer Popularität bis heute ungebrochen. Max Pettenkofer stellte bereits 1873 fest:

> *„Die Genußmittel sind wahre Menschenfreunde, sie helfen dem Organismus über manche Schwierigkeiten hinweg, ich möchte sie mit der Anwendung der richtigen Schmiere bei Bewegungsmaschinen vergleichen"* (Hengartner, 1999, S.82).

Obwohl die Nutzung von Genussmitteln bereits viele Jahrhunderte in der Geschichte der Menschheit zurückreicht, so sind die genauen Anfänge nicht immer eindeutig und das Wissen über die Historie, im Gegensatz zum heutigen Bekanntheitsgrad in der Gesellschaft wahrscheinlich eher gering.

In dieser Arbeit wird der Fokus auf die drei Genussmittel Kaffee, Tabak und Kakao gelegt, die in unseren Breiten sehr bekannt und aus unserem alltäglichen Leben kaum mehr wegzudenken sind. Im ersten Teil werden die jeweiligen Stammpflanzen hinsichtlich ihrer Systematik, Verbreitung und Standortansprüchen, Morphologie, sowie ihrer Inhaltsstoffe bzw. Wirkstoffe genauer betrachtet. Im Anschluss wird, getrennt voneinander, die historische Entwicklung der Genussmittel, bis hin zum neuzeitlichen Gebrauch beleuchtet. In der abschließenden Zusammenfassung werden die unterschiedlichen Gebrauchsweisen und Entwicklungen miteinander verglichen. Es stellt sich durchaus die Frage, wieso und auf welche Weise diese Pflanzen den Siegeszug Richtung Europa antreten konnten und heutzutage aus unseren Supermarktregalen nicht mehr wegzudenken sind.

2 Genussmittelpflanzen

Genussmittelpflanzen können durch ihre verschiedenen Pflanzenteile dem Menschen zuträgliche Wirkstoffe liefern, wobei für die positive oder negative Wirkung, die Dosis entscheidend ist. Paracelsus brachte es 1538 bereits auf den Punkt:

> *„Alle Dinge sind Gift, und nichts ist ohne Gift. Allein die Dosis macht, dass ein Ding kein Gift ist." (Frey, 2010, S.599)*

Die Grenze vom Genussmittel zum Rauschmittel ist daher gelegentlich fließend. Im Sinne dieser Arbeit sind jedoch mit dem Begriff Genussmittel keine psychoaktiven Stoffe, die oftmals ein hohes Abhängigkeits- und Missbrauchspotential bieten, gemeint.

Primär werden Genussmittel aber dennoch nicht wegen ihres Nährwertes, sondern wegen ihrer leicht anregenden bzw. beruhigenden Wirkung oder ihres Geschmacks konsumiert und nehmen auf individueller, als auch auf sozialer Ebene eine wichtige Stellung ein. Die Kategorisierung des Begriffs ist nicht immer eindeutig gestaltet. Laut Zielinski (2012, S.170) lassen sich die Genussmittel in Lebensmittel und Nichtlebensmittel einordnen. Lieberei (2007, S.288) macht dagegen klar, dass heutzutage im Lebensmittelrecht keine Unterscheidung mehr in Nahrungsmittel und Genussmittel erfolgt, sondern alle Genussmittel unter den erstgenannten Begriff fallen. Menninger (2004, S. 13) gelingt darüber hinaus eine weitere Abgrenzung zu den Gewürzen, die ihrer Meinung nach, ausschließlich als pflanzliche Speisezutat zur Verbesserung des Geschmacks und Aromas verwendet werden.

Die in dieser Arbeit vorgestellten Genussmittelpflanzen haben die elementaren Wirkstoffe Nicotin, Coffein und Theobromin, die mitunter dafür verantwortlich sind, dass diese Genussmittelpflanzen weitreichende Popularität erlangt haben.

2.1 Wirkstoffe

2.1.1 Coffein

Coffein ist ein pflanzlicher Inhaltsstoff und gehört zu den Methylxanthinen, die methylierte Derivate der Harnsäure sind. Genauer bestimmt, ist Coffein ein 1,3,7-Trimethylxanthin und kann heutzutage auch synthetisch hergestellt werden. Es ist vor allem Bestandteil von Kaffee, Tee, Mate, Guarana, Kolanuss und Kakao. In Kaffee ist Coffein hauptsächlich an Chlorogensäure gebunden, in anderen Pflanzen überwiegend an Gerbsäuren.

Das Alkaloid Coffein liegt im Körper in freier Form vor, da der Coffeinkomplex durch die Magensäure aufgespalten wird und innerhalb von ca. 20-60 Minuten vom Magen und dem Zwölffingerdarm resorbiert wird (Weiß, 2007, S. 210). Auch wenn das Coffein durch die parallele Aufnahme von Mahlzeiten oder Flavonoide z.B. aus Tee, langsamer absorbiert wird, werden letztendlich immer nahezu 100% vom Körper aufgenommen. Im Zuge von Oxidation und Demethylierung werden 95% des Coffeins mit einer Halbwertszeit von 3-7 Stunden über die Leber wieder abgebaut, wobei die restlichen 5% jedoch unverändert über den Urin ausgeschieden werden.

Hauptsächlich wirkt das Coffein auf das zentrale Nervensystem ein, indem es die Adenosinrezeptoren blockiert. Weil das Adenosin dadurch seine dämpfende Wirkung nicht entfalten kann, kommt es zu einer stimulierenden Reaktion, die sich in gesteigerter Herzfrequenz, erhöhtem Blutdruck und in einer Verengung der Blutgefäße äußert (ebd., S.211). Da die Methylxanthine die Durchblutung der Nieren verbessert und die glomeruläre Filtrationsrate erhöhen, bewirkt das Kaffeetrinken eine erhöhte Ausscheidung von Flüssigkeit, die jedoch mit regelmäßigem Genuss zurückgeht. Ebenso lässt sich der Energieverbrauch mit Hilfe von Coffein erhöhen, da es maßgeblich die Lipolyse und Thermogenese beeinflusst, wobei dies nach heutigen Erkenntnissen nicht zu einer deutlichen Gewichtsreduktion führen kann (ebd., S.212). Darüber hinaus werden die Atemwege erweitert und ihre Selbstreinigung durch die Förderung des Flimmerepithels verbessert.

Wird Coffein in hohen Dosen zugeführt, können Zittern, Unruhe und Erbrechen die Folge sein. Der Grund hierfür ist die Freisetzung von Calcium in das Cytoplasma, welche ungewollte Kontraktionen der Muskulatur begünstigt. Bei Langzeitüberdosierungen gewöhnt sich der Körper allerdings an das Coffein, wodurch dann mit einer Erhöhung von Adenosinrezeptoren reagiert wird (ebd., S.211).

2.1.2 Nikotin

Das Alkaloid Nikotin wird vom menschlichen Organismus sehr schnell resorbiert und in der Regel oxidativ zu ungiftiger Nikotinsäure verstoffwechselt oder ganz zerstört. Akute Vergiftungen sind daher beim Rauchen extrem selten und äußern sich in Erbrechen, Schweißausbrüchen oder im Kollaps. Viel schwerwiegender sind die allgemein bekannten chronischen Schäden durch Tabakabusus wie Atemwegs- und Kreislauferkrankungen (Geßner, 1974, S.23). Jedoch ist die giftige Wirkung von der Einnahmeart des Nikotins, dem Alter, dem Gesundheitszustand und der Gewöhnung des Konsumenten abhängig. Die letale Dosis liegt nach neuesten Erkenntnissen, nicht wie lange angenommen bei 60 mg pro Gesamtkörpergewicht, sondern bei durchaus 6,5-13 mg pro Kilogramm. Diese Mengen lassen sich allerdings kaum unabsichtlich zuführen (Deutsches Krebsforschungszentrum, 2015, S.8).

Wird Nikotin inhaliert, erreicht es binnen Sekunden das Gehirn. Beim rauchfreien Konsum, durch beispielsweise Schnupftabak, geschieht die Aufnahme deutlich langsamer. Im Gehirn bindet sich das Nikotin an Acetylcholin-Rezeptoren, die für verschiedene biochemische Signalprozesse verantwortlich sind. Auf diese Weise regt das Nikotin die Dopaminproduktion an und erzeugt somit ein angenehmes Gefühl beim Konsumenten (Tabakatlas, 2015, S. 32). Ebenso führt es zur gesteigerten Wachheit und Aufmerksamkeitsleistung. Mit der Anregung des sympathischen und parasympathischen Nervensystems werden weitere Körperregionen aktiviert, so dass die Verdauung, die Herztätigkeit und der Abbau von Fetten und Glykogen angetrieben werden. Neben dem erhöhten Energieumsatz, wird zudem der Appetit gezügelt. Darüber hinaus hat das Nikotin eine antidiuretische Wirkung, verengt die Blutgefäße und erhöht somit den Blutdruck, wodurch aufgrund der gesteigerten Blutungsneigung die Gefahr einer Thrombose erhöht werden kann. Das Nikotin wird dann im letzten Schritt über die Leber verstoffwechselt und über die Blase ausgeschieden (Deutsches Krebsforschungzentrum).

2.1.3 Theobromin

Das hauptsächlich in der Kakaobohne zu findende Theobromin ist ähnlich wie das Coffein, ein Methylxanthin. Genauer gesagt handelt es sich um ein 3,7-Dimethylxanthin und trägt somit eine Methylgruppe mehr als das Coffein. Die beiden Stoffe sind daher klar strukturverwandt und haben auch eine ähnliche Wirkung auf den menschlichen Organismus, allerdings ist Theobromin deutlich schwächer. Es wirkt milder, langanhaltend stimulierend und hat zudem einen stimmungsaufhellenden Effekt. In der Medizin wird es zudem als Diuretika und zur Erweiterung der Bronchien eingesetzt (National Center for Biotechnology Information, 2004). Theobromin hat aber im Vergleich zu Coffein keinerlei stimulierende Wirkung auf das zentrale Nervensystem und in Hinblick auf die Stimulation der Skelettmuskulatur einen nur sehr geringen Effekt (Adam, 2001, S. A2817).

3 Ausgewählte Beispiele von Genussmitteln

3.1 Kaffee

Für die Produktion von Kaffee werden im Grunde nur vier Varietäten genutzt. Dazu gehören die Arten *Coffea arabica, Coffea canephora (Robusta), Coffea liberica* und *Coffea excelsa.* Wirtschaftliche Relevanz haben allerdings nur die beiden ersten Arten, weshalb ich mich in Hinblick auf die Systematik, Verbreitung und Morphologie der Kaffeepflanzen nur auf die Art *Coffea arabica* beziehen werden, da diese mit Abstand den größten Produktionsanteil weltweit ausmacht (Bellmann, 2006, S. 129).

3.1.1 Systematik

Die behandelte Art *Coffea arabica* ist systematisch folgendermaßen einzuordnen:

Ordnung	Enzianartige *(Gentianales)*
Familie	Rötegewächse *(Rubiaceae)*
Gattung	Kaffee *(Coffea)*
Art	Arabischer Kaffee *(Coffea arabica)*

(Giebelmann, 2011)

3.1.2 Verbreitung und Standortansprüche

Beheimatet ist die Art *Coffea arabica* in seiner ursprünglichen Form in Äthiopien auf Höhen von 1.000-1.800 m. Mittlerweile wird sie allerding in fast allen äquatornahen Ländern auf 600-1200 m kultiviert, wodurch sich der Begriff „Kaffeegürtel" etabliert hat (Bäumler, 2012, S. 306). Die wichtigsten Anbauflächen sind dabei mit 4 Millionen Hektar in Südamerika zu finden. Dreiviertel der weltweiten Gesamtproduktion werden nach der Ernte exportiert und nur die restlichen ein Viertel für den Eigengebrauch genutzt (Bellmann, 2006, S. 130).

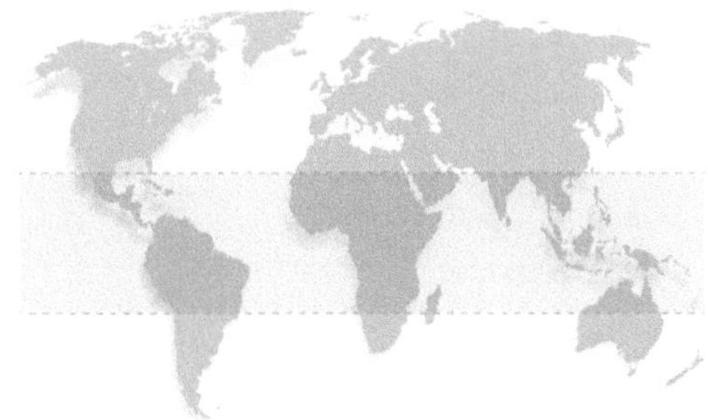

Abbildung 1: Kaffeegürtel (Leaf and Bean Coffee Co.)

Für das Wachstum sind Temperaturen zwischen 15-24°C optimal, denn die Pflanze ist relativ frostempfindlich. Niederschlagsmengen von 1.500-2.000 mm pro Jahr bringen, ohne die Möglichkeit von manueller Bewässerung, die besten Erträge. Dies in Kombination mit lockeren, luftdurchlässigen Böden, die ein freies Wurzelwachstum erlauben bzw. Staunässe verhindern, bekommt der Pflanze besonders gut (Bäumler, 2012, S. 306).

3.1.3 Morphologie

Die Art *Coffea arabica* ist ein immergrüner Strauch oder kleiner Baum, der an natürlichen Standorten bis zu 8m hoch werden kann. Im kommerziellen Anbau wird er jedoch auf knapp 3m reduziert, um die Ernte zu erleichtern. Der Habitus ist zudem am akrotonen Verzweigungsmuster und seiner weißen Baumrinde zu erkennen. Die unbehaarten, ledrig-glänzenden Blätter werden zwischen 6-20 cm lang bzw. 5cm breit. Ihre Blattspitze ist deutlich ausgeprägt und in lanzettlich-elliptischer Form, wobei die Ränder teilweise starke Wellen aufweisen können (Bäumler, 200, S. 306). In den Nodien entstehen vielblütige Trugdolden mit 4-16 weißen, sternförmigen Blüten. Die Kronblätter sind fünfzählig und am Grund zu einer schmalen Röhre verwachsen bzw. zusätzlich mit den Staubblättern verbunden. Der Fruchtknoten ist unterständig ausgebildet und besteht aus zwei synkarp verwachsenen, jeweils mit einer angelegten Samenanlage versehenen, Karpellen. Die Befruchtung kann bei der Art *Coffea arabica* neben der Fremdbestäubung, ebenso auch durch Eigenbestäubung herbeigeführt werden (Lieberei, 2007, S.293f). Dann dauert es ca. sieben bis neun Monate bis aus den vorerst grünen Früchten die reifenm, roten Steinfrüchte entstehen. Das fleischige Exo- und Mesokarp beranden das harte innere Endokarp, welches die zwei festen Steinkerne schützt. Die Samenschale der Kerne ist ein Silberhäutchen, die das Endosperm und den darin eingebetteten S-förmigen Embryo umschließt. Entwickelt sich nur eine dieser Anlagen, dann wird der runde Kern als Perlkaffee bezeichnet (Buch & Höggemeier, 2013, S. 164f).

Abbildung 2: Coffea arabica (Stueber, 2003)

3.1.4 Inhaltsstoffe

Mehr als 1.000 unterschiedliche Inhaltsstoffe sind aktuell in der Kaffeebohne bekannt. Je nach Kaffeesorte, Standortbedingungen und Röstverfahren können die Mengenverhältnisse variieren.

Der Hauptbestandteil der Kaffeebohne sind Kohlenhydrate und im besonderen hauptsächlich wasserunlösliche und wasserlöslichen Polysaccharide. In Folge der Röstverfahren werden die Wasserlöslichen meist nahezu umgewandelt, wodurch nur die Wasserunlöslichen als Kaffeesatz nach dem Aufbrühen zurückbleiben (Deutsches Grünes Kreuz für Gesundheit). Auch die Lipide, darunter zumeist die Kaffeeöle wie Triglyzeride und Diterpenester, als auch vor allem die Fettsäuren Linolsäure und Palmitinsäure sind hauptsächlich wasserlöslich. Daher sind sie im späteren Kaffeegetränk kaum vorhanden. Auch der Proteinanteil von etwa 9% nimmt bei der Zubereitung deutlich ab, da durch die Maillard-Reaktion, Aminosäuren und reduzierende Zucker umgewandelt werden (ebd.). In der Kaffeebohne sind über 80 verschiedene Säuren bekannt, wobei den größten Anteil die Chlorogensäure ausmachen, die zusammen mit der Kaffeesäure antioxidative Eigenschaften besitzt. Während des Röstens werden allerdings mehr als die Hälfte der Säuren abgebaut. Wichtigster Bestandteil der Alkaloide ist wohl das Coffein, welches neben den in geringen Mengen vorhandenen Theobromin, Theophyllin, Trigonellin und der Nikotinsäure für die stimulierende Wirkung verantwortlich ist (ebd.). 90% der Vitamine und Mineralstoffe bleiben auch nach dem Aufbrühen im Kaffeegetränk enthalten. Von den vier Prozent Mineralstoffen sind Kalium, Kalzium, Magnesium und Phosphor die Hauptbestandteile, bei den Vitaminen machen Vitamin B2, Niacin, Panthothensäure und Vitamin B6 den größten Teil aus (Deutscher Kaffeeverband.a)

3.1.5 Historische Entwicklung

Es existieren einige Mythen, wie sich die Entdeckung des Kaffees vollzogen hat. Einer Legende nach zu Folge, entdeckten Ziegenhirten aus der äthiopischen Provinz Kaffa die stimulierende Wirkung der Kaffeepflanze, als ihre Tiere nach dem Verzehr der Blätter und Früchte sehr aufgeweckt waren und selbst in der Nacht sich nicht zu Ruhe legten. Auch wenn der Sachverhalt nicht eindeutig zu bestimmen ist, kann jedoch davon ausgegangen werden, dass der Kaffee im Kaiserreich Abessinien, dem heutigen Äthiopien, entdeckt wurde (Robusto, 2010)

Bereits im 12. und 13. Jahrhundert wurden vermutlich Kaffeepflanzen im Jemen angebaut, zu der Zeit als der Handel mit Gewürzen bereits florierte. Bei der Schaffung neuer Handelswege stießen die Händler in Äthiopien auf die Kaffeefrüchte, nahmen diese mit in ihre Heimat und pflanzten die ersten groß-angelegten Kaffeeplantagen (Zietemann 2011, S. 6). Ab der zweiten Hälfte des 15. Jahrhunderts gelangte der Kaffee in die arabische Welt. Es gilt als gesichert, dass das Kaffeetrinken zuerst von den Arabern kultiviert wurde (Neuberger, 1988, S.17). Die arabische Welt sicherte sich ihr Kaffeemonopol dadurch, dass sie Kaffeebohnen vor dem Verkauf an Handelspartner mit heißem Wasser übergossen, um sie keimunfähig zu machen. Im mittelalterlichen Europa waren Wein und Bier anfangs noch die meistverzehrten Getränke. Im Zuge der Ausbreitung der Renaissance samt dem Ideal des Humanismus, wandelte sich das Menschen- und Weltbild, so dass alkoholische Getränke bald nicht mehr in das Porträt des vernünftigen, produktiven Menschen passten (ebd., S. 21). Allerdings diente das Bier den hart arbeitenden Männern als kalorienreiches Nahrungsmittel, weswegen anfangs kaum jemand darauf verzichten wollte. Erst als die Kartoffel den Alkohol als Kalorienspender ablöste, konnte der Kaffee als Genussmittel anstelle des Biers treten. Aus dieser Tatsache heraus kultivierte sich nun auch in Europa eine Trinkkultur. Der Kaffee war als Wachmacher für den arbeitsreichen Tag vorgesehen und diente nach Feierabend dem gemütlichen Beisammensein (ebd., S. 23). Mediziner sahen aber in dem „schwarzen Trank“ noch mehr: Vielfach wurde er gegen Krankheiten wie Gicht, Rheuma, Steinleiden, Ödeme, Lethargie und Hysterie eingesetzt. Wie bei allem Unbekannten taten sich auch einige Gegner des Kaffees auf, die das „Teufelselixier“ ablehnten, denn *„Es würde das Leben verkürzen, dem Körper die nötigen Säfte entziehen und zur Impotenz führen“* (Hengartner, 1999, S.81f).

Mit der Expansion des Osmanischen Reiches ab dem 16. Jahrhundert gelangte der Kaffee von Mekka, Medina und Kairo nach Kleinasien, in die heutige

Türkei, nach Syrien und in das südöstliche Europa. Hier wurde er schnell kulturelles Gemeingut und war in allen gesellschaftlichen Schichten vertreten, wie bereits ein italienischer Gesandter in den 1580er Jahren bemerkte: *„All diese Leute [...] sitzen fast immer nur herum, und zur Unterhaltung trinken sie -nicht etwa nur die untersten Schichten, sondern auch die Leute gehobeneren Standes- [...] ein schwarzes Wasser [...] das seinen Namen von einem Samen hat, den sie ‚Cavée' nennen und von dem sie sagen, daß er die Eigenschaft habe, die Menschen wach zu halten". (Krieger, 2011, S.105).*

Ab dem 17. Jahrhundert breitete sich der Kaffee weiter aus, was sich mitunter dadurch begründen lässt, dass es den Niederländern gelang keimfähig Bohnen zu exportieren und sie in ihren Kolonien auf großen Plantagen anzulegen (Zietemann, 2011, S. 6f). Auch hinterließen die Türken in Wien nach einer missglückten Belagerung im Jahr 1683 Mengen an Rohkaffee, was zudem den Anfang der noch heute bekannten Wiener Kaffeehäuser bezeichnete (Schmidt, 2011, S.45).

Ab dem 18. Jahrhundert expandierte der Kaffeehandel schlagartig, da die Kolonialmächte ihre Kaffeepflanzen in jedes Land verteilten, in dem die Standortansprüche genügten. Zu dieser Zeit wurden unter anderem in Europa weitere Kaffeehäuser eröffnet, in denen sich nach und nach eine eigene Kultur des Kaffeetrinkens entwickelte, wobei die Expansion des Kaffees von den urbanen Zentren in Richtung Land recht langsam verlief (Menninger, 2004, S. 313). Kaffeehäuser waren Treffpunkte für die reichen Bevölkerungsschichten in Europa, die sich das Kaffeetrinken leisten konnten und dies auch zeigen wollten. Im Gegensatz zum gewöhnlichen Volk griff der elitäre Mann nicht zum abstumpfenden Alkohol, sondern zum anregenden Kaffee (Neuberger, 1988, S.30). Auch in Frankreich etablierte sich eine Kaffeekultur, die in Cafés ausgelebt wurde. Zu Zeiten der Aufklärung und der französischen Revolution wurde der Kaffee, dem Bier und Wein gerne vorgezogen, da die anregende und zum Nachdenken bewegende Wirkung mehr erwünscht war, als die dämpfende des Alkohols (Schmidt, 2011, S.45). Letztendlich dienten die Kaffeehäuser nicht nur dem Frönen des Genusses, sondern entwickelten sich auch zu einem Ort der Sozialisation und der gesellschaftlichen Debatte. Neben

Karten- und Würfelspielen oder Diskussionen, war der heute so bekannte „Kaffeeklatsch“ nicht minder beliebt, bei dem seinerzeit mehr die Männer involviert gewesen waren, da Frauen dort eher selten als Kundinnen verweilten (Krieger, 2011, S 153).

Über Frankreich gelangte der Kaffee erstmalig nach Deutschland. Friedrich der Große sorgte sich um die Entwicklung, denn er hatte zum einen Angst, sein Volk würde dadurch zum Nachdenken angeregt und könne sich so gegen ihn stellen und zum anderen wollte er nicht, dass traditionelle Inlandsprodukte wie z.B. Malz weniger Absatz finden würden. Aus diesem Grund reglementierte er den Kaffeehandel bald mit Steuern und Einfuhrzöllen. Zusätzlich führte er einen Brennzwang ein. Dieser legte fest, dass nur staatliche Röstereien Kaffee rösten durften. Um dies zu kontrollieren setzte er sogenannte „Kaffeeschnüffler“ ein. Diese liefen Streife durch die Wohnsiedlungen und achteten darauf, ob der Geruch von geröstetem Kaffee wahrnehmbar war (Zietemann, 2011, S. 10). Sein errichtetes Staatsmonopol ließ die Bürger zu Ersatzkaffee greifen, der damals aus Gerste oder Zichorien gebraut wurde. Dieser wurde auch als „Muckefuck“ bezeichnet und einer möglichen Theorie nach zu glauben, vom französischen Begriff „mocca faux“ (Falscher Mokka) abgewandelt (Beiglböck, 2016, S. 28f).

Im Vergleich zum Kakao, war der Kaffee eher die kostengünstigere Alternative und preislich mehr dem Tee gleichzusetzen, allerdings war der Aufwand und der Gewichtsverlust bei der Zubereitung ähnlich groß. Daher war es eher üblich Rohkaffee bzw. geröstete Kaffeebohnen zu erwerben, weil die Zubereitung erstens teuer und zweitens bislang Domäne des Einzelhandels war. Nur in Metropolen etablierten sich langsam berufsmäßige Kaffeeröster im Zuge der Kaffeehauskultur (Menninger, 2004, S. 314-319).

Schon ein Jahrhundert später vereinfachte sich der Kaffeehandel deutlich. Das 19. Jahrhundert war geprägt von der voranschreitenden Industrialisierung. Die Erfindung der Dampfschifffahrt revolutionierte das Transportwesen, denn der Kaffee gelangte von nun an in größeren Mengen in immer mehr Länder (Zietemann, 2011, S. 8). Im Jahre 1820 entdeckte der Chemiker Friedrich F. Runge das Coffein, was später als Grundlage der Beweisführungen von Voit und Pettenkofer bezüglich der Ungefährlichkeit des Kaffeekonsums diente. Es ließ sich beweisen, dass das Coffein hauptsächlich auf das Nervensystem einwirkt und nicht auf den Stoffwechsel des Menschen, wie vorher angenommen (Hengartner, 1999, S. 82). Im 20. Jahrhundert war Kaffee schließlich beinahe für Jedermann zu moderaten Kosten erhältlich. Allerdings wurde der standardisierte Kaffee allmählich unspektakulär, weswegen immer neue Varianten und Modeformen kreiert wurden. 1901 erfand ein Japaner den löslichen Kaffee, der zu Beginn von der Firma Nestlé vermarktet wurde und so auch nach Deutschland gelangte (Zietemann, 2011, S. 10). Schon fünf Jahre später gelang es das erste Mal, Kaffee zu entkoffeinieren. Bekannt wurde das Produkt auf dem Markt unter dem Namen „Kaffee HAG". Als schließlich 1908 durch Melitta Bentz der Kaffeefilter entwickelt wurde, welchen sie anfangs mit den Löschblättern aus den Schulheften ihrer Kinder erprobte, konnte nunmehr jeder seinen Kaffee einfach und schnell selbst zubereiten (ebd., S. 10).

3.1.6 Aktueller Stand

Der Kaffee ist mittlerweile ungeschlagener Spitzenreiter in der Reihe der beliebtesten Getränke in Deutschland und das sogar noch vor Wasser und Bier. Etwa 160 Liter des populären Heißgetränks trinkt jeder Deutsche pro Jahr und erreicht damit im internationalen Ländervergleich allerdings nur Platz acht (Birger, 2013). Etwa 85% der deutschen Bevölkerung ab 14 Jahren trinken mehrmals die Woche Kaffee, wovon knapp 50% zwischen 30 und 60 Jahren alt sind. Der Kaffeekonsum ist zudem bei Frauen und Männern gleich beliebt und unterliegt je nach Kaffeevariante nur geringen Schwankungen (Brandeins, S. 84f). Trotz dessen werden weltweit nur etwa 0,8% der kultivierten Fläche für den Kaffeeanbau genutzt, wobei jährlich durchschnittlich pro Hektar 700kg Kaffeebohnen eingebracht werden können. Für einen 60 kg Sack Rohkaffee müssen in etwa 100 Kaffeesträucher abgeerntet werden (Bellmann, 2006, S. 132).

Weltweit sind über 25 Millionen Menschen jährlich mit dem Kaffeeanbau von durchschnittlich 140 Millionen Sack Kaffee à 60 kg beschäftigt. Dabei werden etwa doppelt so viel Arabica-Kaffeebohnen wie Robusta-Kaffeebohnen exportiert (Deutscher Kaffeeverband, a). Wie in der folgenden Grafik zu erkennen, hatte Brasilien 2011/12 mit ca. 43 Millionen 60kg-Säcken das größte Volumen der weltweiten Rohkaffeeproduktion im Erntejahr vorzuweisen.

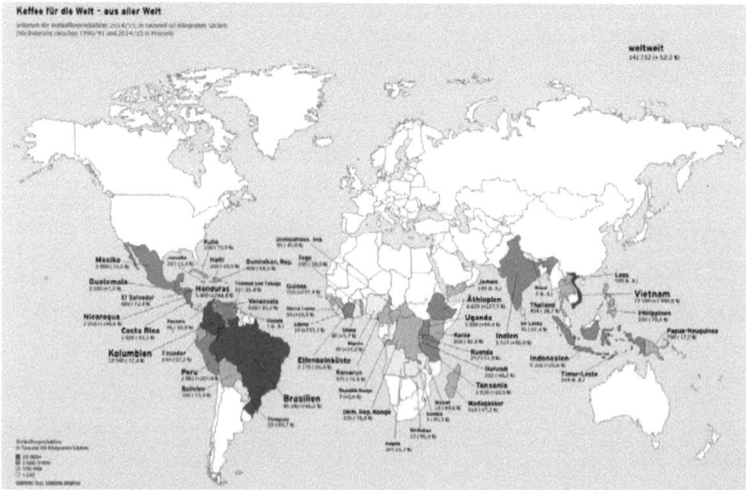

Abbildung 3: Volumen der Rohkaffeeproduktion (Brandeins, 2016, S. 16f) Vergrößerte Ansicht im Anhang

Knapp gefolgt durch Vietnam mit 20 Millionen, die, bemessen an ihrer Anbaufläche, einen deutlich dichteren Kaffeeanbau betreiben müssen, um diese enormen Abgaben liefern zu können. Weitere nennenswerten Produktionen liefern die Länder Indonesien, Kolumbien, Äthiopien und Peru, die jährlich zwischen 5 und 10 Millionen 60kg-Säcke ernten (Brandeins, S. 10f).

Der klassische Filterkaffee wird hierzulande zwar immer noch bevorzugt, doch das Konsumverhalten hat sich in den letzten Jahren durch immer neue Zubereitungsarten und Kaffeekreationen verändert. Das Angebot ist wesentlich vielfältiger geworden und Kaffeewaren sind praktisch überall käuflich zu erwerben und mit dem Trend des Coffee to go, nun auch überall mit hinzunehmen. Der Kaffee ist allerdings kein direktes Statussymbol mehr, denn vielmehr geht es heute darum, in welcher Qualität und wie man das Getränk zu sich nimmt. Teure Rohkaffees oder hochwertige Kaffeemaschinen haben den reinen Kaffee als Luxusgut abgelöst. Musste ein Arbeiter in Deutschland im Jahr 1958 für 500 Gramm Kaffee noch vier Stunden arbeiten, so ist es heute im Schnitt nur noch eine Viertelstunde (Brandeins, 2013, S. 95). Auch zeigt sich dies am Absatzmarkt, da in Deutschland nun häufiger zur ganzen Bohne oder zu Einzelportionen gegriffen wird und weniger zum vorgemahlenen, genussfertigen Kaffee (Mikuteit, 2016).

Bezüglich der positiven und negativen Auswirkungen des Kaffeetrinkens, wurden in den letzten Jahrzehnten in verschiedene tierexperimentellen Modellen, klinischen Studien oder auch Metaanalysen größtenteils keine eindeutigen und schlüssigen Ergebnisse erzielt. 2012 wurde in einer großangelegten Studie des amerikanischen Gesundheitsministeriums jedoch festgestellt, dass die Mortalität der untersuchten Kaffeetrinkenden Kohortengruppen um bis zu 15% geringer ausfiel, als bei der Vergleichsgruppe, die 14 Jahre auf Kaffee verzichtete. Gestützt wurde das Ergebnis zusätzlich durch eine Metaanalyse, in der 20 Kohortenstudien zur Verifizierung der Wirksamkeit und Nachhaltigkeit ausgewertet wurden (Pharmazeutische Zeitung, 2016a). Auch die bisherige Angst vor Krebserkrankungen aller Art durch Kaffeegenuss ist laut der Weltgesundheitsorganisation hinfällig. Zwar kann für mehr als 20, häufig auftretende Krebsarten, keine Aussage getroffen werden, doch zeigen verschiedene Studien, dass zwischen Kaffeekonsum und dem Auftreten von Tumoren in Brust, Prostata und Bauchspeicheldrüse kein Zusammenhang besteht. Vielmehr wurde belegt, dass der Kaffee sogar vor dem Ausbruch von Leber- und Gebärmutterkrebs schützen kann. Vorsicht ist nur bei der Trinktemperatur geboten, denn liegt die über 65°C, so soll das Getränk laut der Internationalen Krebsforschungsagentur Speiseröhrenkrebs begünstigen (Pharmazeutische Zeitung, 2016b).

Auch die Kosmetik- und Chemieindustrie machen sich die Inhaltsstoffe der Kaffeebohne zunutze. Das daraus gewonnene Kaffeebohnenöl wird aufgrund seiner vielfältigen Eigenschaften vor allem bei der Herstellung von Sonnenschutzmitteln und Feuchtigkeitscremes genutzt. Neben einem hohen unverseifbarem Anteil, einer wasserähnlichen Dichte, sonnenschützenden Eigenschaften, hat die Kaffeebohne noch einen hohen Gehalt an Phytosterolen, die die Hautfeuchtigkeit erhöhen. Zur Gewinnung von Sterolen, Sterolderivaten und Vitamin-D wird Kaffeebohnenöl ebenfalls genutzt, da der Anteil an diesen enthaltenden Stoffen sehr hoch ist (Krist, 2013, S. 311).

Auch hat sich der Einsatz von Kaffeesatz bei der Pflanzenpflege bewährt. Die Inhaltsstoffe, wie beispielsweise Stickstoff, Phosphorsäure und geringe Mengen von Kalium, Kupfer und Zink ergeben einen idealen Pflanzendünger, der zusätzlich noch Schutz vor Schädlingen bieten kann (Gartenzeitung).

3.2 Tabak

In der folgenden botanischen Einordnung wird sich lediglich auf den Echten Tabak *(Nicotiana tabacum.)* bezogen, da dieser wirtschaftlich gesehen den größten Anteil der genutzten Tabakdrogen in unseren Breiten ausmacht. Andere Arten wie z.B. der Strauchtabak enthalten zur Weiterverarbeitung in Deutschland zu wenig Nikotin (Alberts, 2000, S. 150). Der Bauerntabak wiederum enthält für Zigaretten zu viel Nikotin und wird daher hauptsächlich in der Pharmazie eingesetzt oder als Zierpflanze genutzt (Universität Bayreuth, Vermeulen (2005), S. 201f).

3.2.1 Systematik

Die behandelte Art *Nicotiana tabacum* ist folgendermaßen einzuordnen:

Ordnung	Nachtschattenartige *(Solanales)*
Familie	Nachtschattengewächse *(Solanaceae)*
Gattung	Tabak *(Nicotiana)*
Art	Echter Tabak *(Nicotiana tabacum)*

(Proplanta)

3.2.2 Verbreitung und Standortansprüche

Verbreitung finden die aktuell 68 bekannten Tabakarten fast überall auf der Welt, da sie als Kulturpflanzen an die unterschiedlichsten Standorte angepasst sind. Der Echte Tabak wird jedoch größtenteils in wärmeren Gebieten von Nord-, Mittel- und Südamerika angebaut, allerdings gibt es auch innerhalb Deutschlands bereits 130 landwirtschaftliche Betriebe, die sich mit Hilfe von

Subventionen auf den Anbau von Nicotiana tabacum L. spezialisiert haben (Friemel, 2007).

Ansprüche stellen die Pflanzen besonders in Bezug auf den Nährboden, denn einen zu hohen Salzgehalt und Staunässe vertragen sie nicht gut. Am besten wachsen sie bei Temperaturen zwischen 20-30°C, gemäßigten Niederschlägen und auf sandig-lehmigen Untergründen (Lieberei, 2007, S. 300).

3.2.3 Morphologie

Die Tabakpflanze ist ein drüsig behaartes ein- bis zweijähriges Kraut, welches meist eine Höhe von zwei bis drei Metern erreicht und länglich-elliptisch gestielte oder sitzende Blätter ausbildet. Die erreichen eine Größe von etwa 30-40 cm. Die Früchte sind eiförmige zweilappige Kapseln und enthalten eine Vielzahl von kleinen ei- oder nierenförmigen braunen Samen. Die Blüten sind endständig rispig angeordnet, fünfzählig und glockig-trichterförmig in der Gestalt (Gessner, 1974, S. 19).

Abbildung 4: Nicotiana tabacum (Wikipedia)

Farblich reicht die Vielfalt von weiß über rosa bis hin zu einem rötlichen Ton. Die Blütezeit ist von Juli bis September (Alberts, 2000, S.152) und der Habitus ist an seinem sympodialen Blütenstand zu erkennen. In der Wurzel wird das bekannte Nikotin gebildet, welches über die Sprossachse in die Blätter transportiert wird und bei zu hoher Temperatur nach außen abgesondert werden kann. (Lieberei, 2007, S.300; Gessner, 1974, S. 19). Das Gift hat zweierlei Aufgaben: Zum einen hilft es dabei, Fressfeinde abzuhalten und zum anderen führt es dazu, dass die Verweilzeit in den einzelnen Blüten reduziert wird und somit mehr Blüten in kürzerer Zeit bestäubt werden können. Auf diese Weise besteht ein gewisser Standorteilvorteil gegenüber anderen Pflanzen (Schmitz, 2016). Die Art *Nikotiana tabacum.* ist wahrscheinlich eine amphidiploide Hybridform und ist demnach nicht aus einer reinen Wildform hervorgegangen, sondern Produkt einer Kreuzung zweier Elternarten, bei der die Summe des einfachen Chromosomensatzes verdoppelt wurde (Olmo, 1943, S. 143).

3.2.4 Inhaltsstoffe

In den geernteten und fermentierten Tabakblättern, die zu unterschiedlichen Tabakprodukten verarbeitet werden, sind ca. 4500 verschiedene Inhaltsstoffe enthalten, wobei der wichtigste und bekannteste Anteil das Nikotin ausmacht. Weitere Bestandteile, besonders im Tabakrauch zu finden, sind beispielsweise polyzyklische aromatische Kohlenwasserstoffe, Azaarene, Formaldehyd, Benzol oder auch anorganische Verbindungen wie Kohlenmonoxid, Schwefelkohlenstoff, Cyanid, Arsen und Blei. Die Mengen und Verhältnisse der verschiedenen Stoffe sind natürlich nicht immer einheitlich (Groneberg, 2008, S.43ff).

3.2.5 Historische Entwicklung

Die genauen Ursprünge der Tabakpflanzennutzung bzw. -kultivierung und der damit einhergehende bewusste Tabakkonsum, sind nur schwer genau zu benennen. Höchstwahrscheinlich hat der Echte Tabak seine Anfänge in Mexiko oder Peru gefunden, sicher ist jedoch, dass dieser zuerst im Raum von Mesoamerika erstmals aus religiösen Gründen genutzt und als „Pflanze der Götter“ bezeichnet wurde (Rätsch, 1999).

Der Beginn der rasanten Verbreitung erfolgte mit den Eroberern gegen Ende des 15. Jahrhunderts, die die Tabakpflanze als Mitbringsel nach Südostasien, China und später auch auf den afrikanischen Kontinent brachten. Eine zentrale Rolle spielten dabei vor allem die spanischen Seefahrer, die maßgeblich an der exponentiellen Bekanntmachung in Europa beteiligt waren (Schmidbauer, 2003, S. 174f). Darunter waren 1492 auch Kolumbus und seine Begleiter, die sich in Kuba außerordentlich überrascht hinsichtlich der damaligen Riten und

Gebrauchsweisen des noch unbekannten Krauts zeigten. Ein Gefährte namens Gonzales de Ovideo y Valdez berichtete:

„Die Indianer üben unter anderen Lastern ein sehr schädliches, das darin besteht, eine Art Rauch zwecks Betäubung in sich aufzunehmen [...] und nehmen hierzu ein gegabeltes Rohr in Form eines Ypsilon, geben die Gabelenden in die Nasenlöcher und das Rohr in ein angezündetes Kraut [...] bis sie bewusstlos werden“ (ebd., S. 161).

Aus dem Bordbuch Kolumbus' ließ sich weiter herausfinden, dass Kundschafter auf den Antillen Eingeborene beobachten konnten, die „wie aus Papier geformte Flinten“ rauchten. Durch das bewusste heftige Ziehen wurden sie binnen kürzester Zeit schläfrig, wobei sich nicht klären lässt, ob dieser Zustand dabei eine beabsichtigte Konsequenz oder notwendiges Übel war. Hier fiel erstmals in diesem Zusammenhang der Begriff „tabaco“ und zwar zum einen für die soeben beschriebene Form des Rauchens und zum anderen für die mit Ruß beschmierten Röhrchen, in denen die Tabakblätter ebenfalls durch Inhalation konsumiert wurden. Die reinen Tabakblätter hingegen, wurden als „Yetl“ bezeichnet und haben keinen ursprünglichen Bezug zu dem heutigen Begriff des Rauchens (Schimmel, 2009, S. 96).

Abbildung 5: Holzschnitt aus dem 16. Jahrhundert (Gros, 1997, S. 108)

Diese spirituellen bzw. schamanischen Szenarien und Erfahrungen schienen wohl eher abschreckender Natur gewesen zu sein, denn nur wenige taten es den Einheimischen gleich und probierten von dem Rauch des Krauts. Vielmehr fand die Tabakpflanze Akzeptanz bei europäischen Medizinern und Botanikern, die sich vorerst mit dieser Neuartigkeit zu befassen wussten. Denn auch die Verwendung als Zierpflanze und Heilmittel wurde im Zuge der Kolonialisierung um 1520 mit überliefert. Dadurch wurde der Tabak vorerst zur Grundlage vieler Arzneimittel, die in Form von Salben, Tinkturen, Klistiere, Pillen oder auch Pulver verabreicht wurden und zu Beginn nur in Apotheken erhältlich waren (Singer, 2011, S. 14). Beispielsweise sollten Beschwerden wie Blähungen, Ohrenschmerzen oder auch Nasenprobleme mit Hilfe des Tabaks gelindert werden. Es wurden auch Versuche gestartet, die Pest damit zu bekämpfen. Als einer unter Vielen, brachte der Botaniker Nicolás Monardes bis 1574 ein dreibändiges Buch über die Anwendungsmöglichkeiten und die erwünschten Wirkungen der Pflanze heraus, wodurch sich die Popularität in der Medizin weiter vergrößerte (Heinrich, 2016).

Mit dem französischen Wegbereiter und Sympathisanten Jean Nikot wurde das Gewächs anschließend von Portugal aus auch nach Frankreich eingeführt. Nach Hengartner (1999) verlieh Jean Lièbeault der Pflanze im Jahre 1570 als Anerkennung die Bezeichnung „Nicotiana", die auch Carl von Linné zwei Jahrhunderte später für seine binäre Nomenklatur übernahm. (Hengartner, 1999, S. 175).

Um die althergebrachte Theorie der Wirksamkeit bzw. den nicht schädlichen Effekt des Tabaks zu beweisen, wurden bald Experimente und Analysen initiiert. Neben Tierversuchen veranlassten Mediziner auch menschliche Selbstversuche, um zu zeigen, dass Tabaktinktur eine antidote Wirkung hat, durch Schnupfen oder Kauen Schmerzlinderung herbeigeführt werden kann und auch bei großen Mengen keine Schädigungen oder der Tod eintreten würde (Menninger, 2004, S. 245).

Erst ab dem 17. Jahrhundert wandte sich langsam das Interesse der Europäer, den Tabak nicht nur aufgrund seiner heilenden Wirkung zu nutzen, sondern auch dem Genuss eine wichtige Rolle zukommen zu lassen. Der Fokus wurde im Zuge dessen, erstmals primär auf das Pfeife rauchen gelegt (Hess, 2014). Das Einnehmen war allerdings noch nicht exakt mit dem heutigen Gebrauch zu vergleichen. Als *„Sauferei eines Nebels, die die Trinkleidenschaft übertrifft und eine trockene Trunkenheit hervorruft"* bezeichnete Johann Joachim von Rusdorf 1627 in London seine Erfahrungen mit dem neuartigen Kraut, dessen aufsteigender Dunst buchstäblich geschluckt wurde und erst später von der heutigen Inhalationtechnik abgelöst wurde (Singer, 2011, S. 14). In diesem Sinne wandelte sich auch der Jargon in der Gesellschaft, von „Tabak trinken" zu „Tabak schmauchen/rauchen“. Später wurde der Tabak dann auch geschnupft oder gekaut. Zudem wurde die stimulierende Wirkung nicht mehr streng mit der des Alkohols verglichen, sondern fand besonderen Anklang, weil sie die Konsumenten im Gegensatz zum Alkohol nicht willenlos machte (ebd.).

Die agrarische Nutzung der Pflanze begann parallel in Europa ab 1600 und breitete sich fast zeitgleich erfolgreich in einigen Teilen der niederländischen, englischen, französischen und deutschen Gebiete innerhalb weniger Jahrzehnte aus. Später kamen auch Italien, Österreich und Skandinavien als Produzenten hinzu. Der Eigenanbau resultierte höchstwahrscheinlich daraus, dass diese Länder entweder keine Kolonien besaßen oder nur solche, in denen der Anbau keine wichtige Rolle spielte (Menninger, 2004, S. 164f). Aus damaligen, in verschiedensten Sprachen abgefassten, Anleitungen lässt sich entnehmen, dass bereits damals Kultivierungsverfahren bekannt waren, die sogar noch heute auf dieselbe Weise genutzt werden (ebd. S. 167).

Der Grund für die weitläufige Ausbreitung in und außerhalb von Europa ist nicht zuletzt der Tatsache geschuldet, dass die Tabakpflanze sehr genügsam auf ihre Standorte reagiert und dadurch sogar die Kultivierung im nahen Umkreis möglich war. Somit konnte die Droge kostengünstig an alle Gesellschaftsschichten weitergegeben werden. Zusätzlich wurde der Tabak auch weiterhin von Seh-, Kauf- und Handelsleuten über Kolonialwaren verbreitet (Hengartner, S. 175). Im Dreißigjährigen Krieg half der Tabak gegen Angst, Langeweile und vor allem Hunger, um die täglichen Strapazen besser durchzustehen. So verbreitete sich das Rauchen der Pfeife bzw. der Zigarre und ebenso der Konsum des Kautabaks, als zusätzliche Genussform in Mitteleuropa (Singer, 2011, S. 16).

Mit der vermehrten Zunahme an willigen Rauchern in Europa, positionierte sich auch eine Gegenbewegung, die den privaten Konsum von Tabak als missbräuchliches Laster und krankmachendes Vergnügen ansahen und nicht als blühenden Wirtschaftszweig. Zudem war, nach Meinung der Gegner, der Konsum aufgrund der Brandgefahr in der Nähe von Ställen höchst gefährlich und vergeude zudem wertvolle Arbeitszeit, die das Land einbüßen müsse (Menninger, 2004, S. 375f). Die Unterbindung des Rauchens sollte zunächst mit Hilfe von Prohibition zu Gunsten der Nicht-Raucher und der Obrigkeit durchgeführt werden. Dies stellte sich allerdings langfristig als nicht durchsetzbar heraus, da sich die Bevölkerung konsequent den Vorgaben widersetzte. Grund dafür könnten die geringen Bestrafungsmaßnahmen gewesen sein, die sich meist nur in Geldstrafen äußerten (Singer, 2011, S. 15).

Mit Beendigung der Strafen und Verbote und der nahezu zeitgleichen Erhebung einer immens hohen Tabaksteuer, entwickelte sich die Zigarre zum arrivierten Konsumgut und wurde auch in den Königshäusern zum Symbol von Wohlstand und Macht. Ursprung dieser Aktion war, die Rauchgelüste im Volk zu stoppen, doch folgte daraus nur ein Anstieg des Schmuggels und das Strecken der Verkaufswaren mit billigem Material. Als Konsequenz, um die Negativbewegungen zu unterbrechen und den heimischen Anbau voranzutreiben, wurden die Zölle wieder auf ein humanes Maß gesenkt und brachten auf diese Weise wieder gute Einnahmen ins Land (Menninger, 2004, S. 379f).

In der Medizin wurde bis dato noch häufig auf Tabak als Allheilmittel zurückgegriffen, denn es waren wenige bis gar keine Gegenanzeigen bekannt und zudem wurden über die Zeit hinweg, einige bemerkenswerte Behandlungen

Abbildung 6: Tabakklistier des 18. Jahrhunderts (Wiener Zeitung, 2011)

an Menschen durchgeführt, die die Wirksamkeit zwar unterstrichen, aber unter heutiger Betrachtung keinen Sinn mehr als therapeutische Anwendung liefern würden. Beispielsweise wurden Tabakklistiere im 18. Jahrhundert zur Wiederbelebung von Ertrunkenen benutzt, die teilweise sogar gesetzlich verordnet, an Gewässern positioniert waren. Neben der üblichen Mund-zu-Mund Beatmung, wurde damit meistens auch Tabakrauch in den Mund geblasen.

Auch rektaler bzw. vaginaler Einsatz waren mit diesem Gerät nicht unüblich. Dazu wurde der Rauch in einem Kessel erzeugt und mit Hilfe des Blasebalgs und des Schlauchs in die gewünschten Körperöffnungen geleitet (Werfring, 2011). Weiter wurden Tabakblätter bei Magenbeschwerden und Darmerkrankungen auch als Sud angewendet. Gegen Kopfschmerzen wurden zermalmte Blätter geschnupft und auch gegen Krebs, Geschwüre und Wunden sollte der Tabak helfen (Nordbayern, 2014). Auch kultivierte man ab dem 18. Jahrhundert das Tabakschnupfen, vorerst im Adel und später auch breitgefächert im Bürgertum. Diese Konsumform erfreute sich bald hohem Ansehen, so dass nach einem Jahrhundert etwa 90% des gehandelten Tabaks in Frankreich und Deutschland aus Schnupftabak bestand. Nach der französischen Revolution und dem Wandel der bestehenden Regierungsform, löste auch die Zigarre die Schnupftabakkultur ab. Als Symbol des Bürgertums fand sie dann besonderen Anklang, so dass auch bald vermehrt Raucherzimmer und Raucherstühle im eigenen Heim existierten. Bequem und genüsslich konnte auf diese Weise dem Genuss des Tabaks mit seinen verschiedenen Darreichungsformen nachgegangen werden (Bayerischer Rundfunk, 2016). 1850 wurden in Frankreich die ersten Zigaretten hergestellt. Dafür wurde allerdings nicht wie heute üblich Feinschnitt benutzt, sondern Tabakreste aus der Zigarrenproduktion zur Weiterverarbeitung gesammelt. Die in Papier eingewickelten Tabakfetzen galten dann als kostengünstige Alternative für die Arbeiterinnen in den Zigarrenfabriken. Ein Jahrzehnt später eröffnete die erste Zigarettenfabrik in Deutschland, allerdings etablierte sich die Zigarette erst nach dem

Abbildung 7: Raucherstuhl (Landesmuseum Koblenz, 2015)

Ersten Weltkrieg als Massenprodukt. Der Verbrauch von Zigaretten stieg um 1900 plötzlich sprunghaft an, da die Zigarette durch maschinelle Herstellung günstig zu erwerben war und die Handarbeit immer weiter verdrängt wurde (Binding, 2008, S. 123).

Auch zu Zeiten des Zweiten Weltkriegs wurde die Zigarette besonders gern gebraucht, wodurch viele Unternehmen zu expandieren begannen. Auch die Weltwirtschaftskrise, Zoll-bzw. Steuererhöhungen oder die Verteufelung des Rauchens durch Adolf Hitler, der den Tabak als „Rassengift" bezeichnete und zudem die Erforschung der Tabakgefahren initiierte, konnten die Entwicklung langfristig nicht aufhalten (ebd. S. 122).

Abbildung 8: Always buy Chesterfield (Pinterest)

Bald galt die Zigarette durchweg als modern, denn das Leitbild des Genusses wurde omnipräsent durch Werbung und bekannte Persönlichkeiten in die breite Öffentlichkeit getragen, wodurch das vage Wissen über die Gefahren des Rauchens vorerst in den Hintergrund traten (Singer, 2011, S. 20).

3.2.6 Aktueller Stand

Der Tabak gehört weltweit zu den gefährlichsten legalen Drogen, dessen Konsum jährlich fünf Millionen Menschen tötet. Weitere 600.000 werden aufgrund des Passivrauchens zum Opfer dieses weit verbreiteten Genusses. Alleine im 21. Jahrhundert werden etwa eine Milliarde Menschen an den Folgen des Rauchens sterben, falls in naher Zukunft keine effektiven Maßnahmen zur Eindämmung entwickelt werden (WHO, 2012, S. 4).

Bemerkenswert ist dabei auch, dass infolge von Tabakgenuss in Deutschland jährlich 110.00-140.000 Menschen sterben und damit mehr, als an Alkohol, illegalen Drogen, Verkehrsunfällen, AIDS und (Selbst-)Morden zusammen (Jesinghaus, 2014, S.11).

Die Entwicklungsländer machen hinsichtlich der Mortalität durch Rauchen bereits etwa 70 Prozent aus, denn im Gegensatz zu den sinkenden Zahlen in den Industrieländern, steigt dort die Anzahl der Raucher weiterhin an.

Nicht nur in Deutschland stellt der Tabakkonsum ein vermeidbares Gesundheitsrisiko dar, welches die Ursache für Krebs und bestimmte chronische Krankheiten, wie Atemwegs- und Herz-Kreislauferkrankungen ist (Deutsches Krebsforschungszentrum, 2011, S. XI). Nichtsdestotrotz ist das Rauchen in der Gesellschaft noch überaus beliebt und lässt sich mit den bisherigen Anti-Raucher-Maßnahmen nur schwer eindämmen.

Alle Tabakgebrauchsformen, die in den letzten Jahrhunderten im Sinne des Genusses eine Rolle spielten, haben bis zur heutigen Zeit Relevanz. Allerdings hat sich die Popularität einzelner Produkte im Laufe der Jahre gewandelt. Die Zigarette ist mittlerweile mit 64% des Tabakabsatzes, der Verkaufsschlager und das nicht nur in Deutschland. Zusammen mit dem Feinschnitt sind es sogar 95%, so dass sich sehr deutlich zeigt, dass Schnupf- und Kautabak, Zigarren, Zigarillos und Pfeifentabak nur noch einen geringen Stellenwert haben (Tabakatlas, 2015, S. 6). Etwa die Hälfte der Konsumenten greifen dabei nicht auf die vorproduzierten Tabakschachteln im Laden zurück, sondern machen Gebrauch vom Feinschnitt, um sich ihre Zigaretten selbst zu drehen. Dies geschieht meist aus Kostengründen und weniger aus olfaktorischen bzw. gustatorischen Vorliebe (British American Tobacco Germany, 2014).

In den letzten Jahren und Jahrzehnten haben sich neue Rauchprodukte entwickelt oder teilweise großer Beliebtheit erfreut. Zum einen aus dem gesellschaftlichen Gesundheitsbewusstsein heraus und zum anderen aufgrund des anwachsenden Rauchverbots an öffentlichen Plätzen sind bestimmte alternative Produkte für Konsumenten attraktiver geworden. Nach den bereits länger bekannten Light-Zigaretten, haben sich zunehmend Zigaretten ohne Zusatzstoffe etabliert, die in der Tabakmischung selbst keine schädlichen Substanzen enthalten und damit das Gesundheitsrisiko minimal absenken, allerdings auch verharmlosen können (Tabakatlas, 2015. S. 12).

Abbildung 9: Heat Sticks (Vapingpost, 2015)

Aktuell sind elektronische Inhalationsprodukte eine repräsentative Alternative zur Zigarette. Wohingegen die E-Zigarette keinen Tabakanteil mehr enthält, verringern die Heat Sticks die Schadstoffbelastung für den Menschen, da der Tabak mit geringerer Temperatur abgebrannt wird (Hecking, 2014).

Mittlerweile sind etwa 10% der Tabakprodukte mit Zusatzstoffen angereichert, die dem Geschmack, dem Geruch, als auch der Inhalation zuträglich sein sollen. Insgesamt können alle durch die Aromen- und Tabakverordnung gestatteten Stoffe in einer Zigarette verwendet werden, die jedoch nicht alle vollständig definiert sind. Der Hauptteil der zugeführten Einzelsubstanzen ist Menthol, Zucker, Lakritze oder Kakao und dies vor allem auch, weil sie als Zusatzstoffe bereits für die meisten Lebensmittel genehmigt wurden. Wie sie sich allerdings in der Glutzone einer Zigarette verhalten, ist dagegen nicht sicher zu bestimmen (Tabakatlas, 2015, S. 9)

Letztendlich sind vor allem diese Zusatzstoffe und ihre Gemische Ursache für die schädliche Wirkung des Rauchens, da sie sich zu krebserzeugenden Verbrennungsprodukten entwickeln können. Nicht nur, dass Kanzerogene ab der kleinsten Menge bereits gesundheitsschädlich sind, so treten die Inhaltsstoffe auch noch in Wechselwirkung und können sich gegenseitig verstärken (ebd.,

S. 10). In der folgenden Grafik ist der aktuelle Pro-Kopf-Verbrauch von Tabakwaren in Deutschland zu sehen. Untersucht wurden hierbei Zigaretten, Zigarren/Zigarillos, sowie Feinschnitt und Pfeifentabak in den Jahren 2012-2016.

Deutlich zu erkennen ist die sukzessive Reduktion von Tabaknutzung bezüglich Zigaretten, Zigarren/Zigarillos und Feinschnitt. Sicherlich sind diese Waren bestimmten Schwankungen unterlegen, allerdings hat sich alleine der Zigarettenkonsum je Einwohner/in in fünf Jahren von 1025 Stück auf 918 Stück reduziert. Auch der Verbrauch von Zigarren/Zigarillos hat sich um 10 Stück von 47 auf 37 Stück verringert. Ein ähnlicher Verlauf ist hinsichtlich des Verkaufs von Feinschnitt zu erkennen, denn dieser konnte in den letzten fünf Jahren ebenfalls gesenkt werden und zwar von 335g auf 308g. Einzig und allein die Nutzung des Pfeifentabaks hat sich in der letzten Zeit stetig erhöht. Obwohl 2012 pro Kopf nur 13g Pfeifentabak verbraucht wurden, stieg der Bedarf im Jahr 2016 auf ganze 31g. Verwunderlich scheint zuerst diese enorme Abweichung verglichen mit den übrigen Tabakwaren zu sein, doch darf mit dem Begriff Pfeifentabak nicht nur an die ursprüngliche Nutzung gedacht werden, sondern muss, den seit einigen Jahren explodieren, Shisha-Hype mit in Betracht ziehen (Macho, 2016).

1.5 Annähernder Verbrauch von Tabakwaren

Jahr	Zigaretten	Zigarren / Zigarillos	Feinschnitt	Pfeifentabak
	St.		g	
	je Einwohner/-in [1]			
2012	1 025	47	335	13
2013	995	44	319	15
2014	982	48	317	17
2015	995	36	312	21
2016 [2]	918	37	308	31
	Veränderung gegenüber dem Vorjahr in %			
2012	– 6,1	– 11,3	– 0,7	12,2
2013	– 2,9	– 6,1	– 4,7	16,3
2014	– 1,3	7,9	– 0,5	12,8
2015	1,3	– 24,0	– 1,7	26,4
2016 [2]	– 7,7	3,2	– 1,1	45,6

1 Berechnet mit den Ergebnissen der Bevölkerungsfortschreibung auf Grundlage des Zensus 2011.
2 Vorläufige Ergebnisse.

Abbildung 10: Verbrauch von Tabakwaren (Statistisches Bundesamt, 2016, S.7)

3.3 Kakao

Im Folgenden wird sich bezüglich der Systematik und der Biologie des Kakaobaums auf die Art *Theobroma cacao* und ihre Varietäten bezogen, da diese heutzutage für den kommerziellen Gebrauch die wichtigste Rolle als rohstoffliefernde Pflanzen spielen.

3.3.1 Systematik

Die behandelte Art *Theobroma cacao* ist systematisch folgendermaßen einzuordnen:

Ordnung	Malvenartige *(Malvales)*
Familie	Malvengewächse *(Malvaceae)*
Gattung	Kakaobäume *(Theobroma)*
Art	Kakaobaum *(Theobroma cacao)*

(Durry, 2012, S. 329)

3.3.2 Verbreitung und Standortansprüche

Der Kakaobaum ist eine typische Art der immerfeuchten tropischen Tiefland-Regenwälder und wird heutzutage zwischen den 20° nördlichen und südlichen Breitengrad angebaut. Die Ursprüngliche Beheimatung war jedoch einst im tropischen Mittelamerika. Die Pflanze hat hohe Standort- und Klimaansprüche und toleriert Schwankungen der Temperaturen und Niederschläge eher schwer. Meist ist sie in den unteren bis mittleren Baumkronenschichten vertreten, so dass sie sich auf diese Weise vor zu hoher Lichteinstrahlung und zu starkem Wind schützen kann. Am besten verläuft das Wachstum bei regelmäßigem Niederschlägen zwischen 1500 und 2500 mm pro Jahr und einer mittleren Temperatur um die 25°C (Bayer, 2015, S. 22). Die Bodenbedingungen sind im optimale, wenn die lockeren nährstoffreichen Böden sich im schwach sauren bis neutralen Bereich befinden. Positiv wirken sich auch zerfallene Pflanzenreste für die Nährstoffverfügbarkeit aus, die als Nebeneffekt einen Lebensraum für bestäubende Insekten bieten können (Bäumler, S.308, 2012).

3.3.3 Morphologie

Der *Theobroma cacao* ist ein sympodial wachsender, immergrüner Baum, der in kultivierter Form eine Höhe von 4-8m erreicht und in wilder Form sogar bis zu 13 Meter werden kann. Unterirdisch bildet der Kakaobaum eine markante Pfahlwurzel aus, die bis zu 3 Meter lang werden kann (Bäumler, S. 308, 2012). Der etagenförmige Habitus resultiert aus den verschiedenen Wachstumsphase der Pflanze, in der das vorerst orthotrope Wachstum durch eine Ausbildung von meist fünf plagiotropen Seitenästen ersetzt wird. Mit Hilfe von Seitenknospen wird der orthotrope Wuchs danach wieder fortgeführt (Lieberei, 2007, S. 295). Die Blätter sind zweizeilig, kurzstielig und in ihrer Form oval oder elliptisch-länglich. Ihre Enden sind von einer ausgeprägten Spitze gekennzeichnet und die Farbgebung reicht von hellgrün-rötlich im frühen Stadium, bis hin zu einer glänzend dunklen Färbung im späteren Wachstumszyklus (Bäumler, S. 308, 2012). Der Aufbau des neuen Laubes erfolgt als sogenannte Laubschütte, wobei die jungen Blätter oftmals ohne Stützgewebe und Chlorophyll ausgebildet werden und daher schlaff an den Zweigenden hängen. (Lauerer, 2012). Der Blütenstand ist gekennzeichnet durch Kauliflorie bzw. Ramiflorie, bei der die 1 cm großen Blüten das ganze Jahr über am blattlosen Stamm und/oder starken Seitenästen ausgebildet werden. Dieses Phänomen ist bei tropischen Bäumen häufiger zu finden und bietet unterschiedliche Interpretationsansätze: Möglicherweise verbessert der Ort der Blüten die Bestäubungsmöglichkeiten durch kleine Mücken, die sich genau in der Flughöhe des Stammes bewegen. Eine andere Idee ist, dass der Kakaobaum am Stamm die großen Früchte besser tragen kann, als an den kleineren Seitenästen und sie zudem

Abbildung 11: Ramiflorie (Dörken, 2014)

an dieser Stelle sehr viel besser für Säugetiere erreichbar sind, die zur Verbreitung der Samen beitragen können. Die 300-500 Gramm schweren Schließfrüchte lassen sich nur manuell von außen öffnen (Bayer, S. 8f, 2015). Die Windbestäubung gestaltet sich dagegen aufgrund der stark aneinanderhaftenden Pollen als eher schwierig. Obwohl sich bis zu 100.000 Blüten pro Jahr entwickeln, wird nur ein Bruchteil (0,1-5%) letztendlich erfolgreich bestäubt (Lauerer, 2012). Die erste Blütezeit findet durchschnittlich nach 5-6 Jahren statt. Dann bildet der Kakaobaum ca. 1cm große büschelförmige Einzelblüten, die aus fünfzähligen rosafarbenen Kelchblättern und gelblich-weißen Kronblättern bestehen, die *„kapuzenförmig eingeschlagen sind und in einem zurückgeschlagenen, verbreiterten Zipfel enden“* (Lieberei, S. 295, 2007). Die zehn Staubblätter sind an ihrem Grund zu einer Röhre verwachsen. Fünf der Staubblätter, die so genannten Staminodien, sind steril und ragen rötlich aus der Blüte, die Restlichen sind fertil und aufgrund ihrer Kürze in der Blüte versteckt, um eine Selbstbestäubung zu verhindern (ebd.).

Abbildung 12: Blüte & Fruchtknoten (Dörken, 2014)

Der oberständige Fruchtknoten besteht aus fünf miteinander verwachsenen Fruchtblättern und einem Griffel, der in einer fünfspaltigen Narbe endet, wobei in jedem Fruchtfach etwa an die 50 Samenanlagen entwickelt werden. 5-8 Monate nach der Bestäubung bildet die Pflanze ca. 15-20 cm große gelblich oder rötliche Trockenbeeren aus, die das ganze Jahr über in unterschiedlichen Reifestadien zu finden sind. Das innenliegende weiße Fruchtfleisch, auch als Pulpa bezeichnet, enthält die 2-3 cm langen Samen und entwickelt sich aus dem Endokarp und Teilen des Mesokarps (Dörken, S. 265f, 2014).

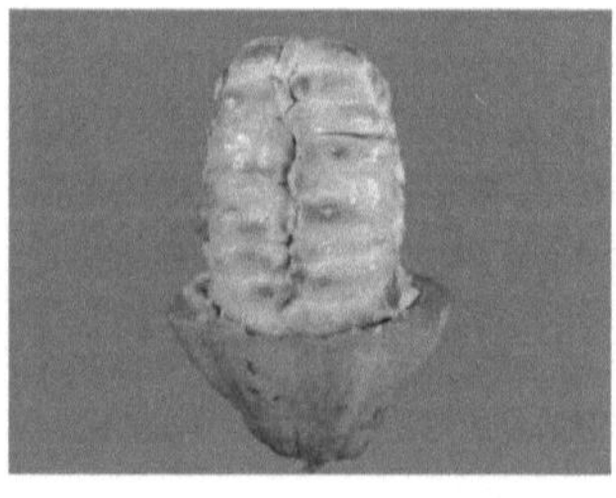

Abbildung 13:Kakaofrucht (Dörken, 2014)

Varietäten

Eine Einteilung der Art *Theobroma Cacao* ist am besten möglich, wenn die Kakaobäume auf die zwei Grundformen *Criollo* und *Forastero* zurückführt werden. Aus diesen Strukturen sind wohl alle bekannten Kakaotypen entstanden, die sich wohl aufgrund ihrer leicht kreuzbaren Formen, schwer reinerbigen Varietäten zuordnen lassen (Fincke, 1965, S. 22)

Criollo

Als Criollo fasst man Formen mit relativ kleinem, schwachen Wuchs und länglichen, zugespitzten roten bis gelben Früchten mit tiefen Längsfurchen zusammen, die überwiegend von Mexiko bis Mittelamerika, teils aber auch im nördlichen Südamerika angebaut wurden. Sie liefern meist ausgezeichnete Qualität von Kakaobohnen, allerdings sind sie sehr empfindlich und liefern nur geringe Erträge.

Forastero

Formen, die unter der Sammelbezeichnung Forastero zusammengefasst werden, sind insgesamt robustere und produktivere Sorten mit rundlicheren und glatten, meist grünen bis gelben Früchten. Das Innere ist mehr oder weniger violett und die Samen sind eher flach ausgebildet. Der qualitative Unterschied zu den Criollo zeigt sich in dem weniger intensiveren Geschmack der Kakaobohnen.

Eine dritte Hauptgruppe (Trinitario) umfasst Kreuzungen zwischen Criollo- und Forastero-Sorten, die ursprünglich auf Trinidad entstanden sind und auch in großem Umfang kultiviert werden (ebd, S. 27).

3.3.4 Inhaltsstoffe

Der Samen der Kakaofrucht besteht vorwiegend aus Lipiden und zwar aus mindestens 37-58% des Gesamtgehalts. Da hauptsächlich Triglyceriden, die in nur geringer Verschiedenheit vorkommen, enthalten sind, besticht das Kakaofett durch seine scharfe Schmelztemperatur. Weiter sind 35-44% der Bohne Kohlenhydrate bzw. Oligosaccharide, wozu noch geringe Bestandteile von Ballaststoffen, Glucose und Stärke hinzukommen (Ebermann, 2008, S.

500) Den drittgrößten Anteil machen mit 12-18% die Proteine aus, welche einen hohen Gehalt an Aminosäuren haben. Diese sind vorwiegend hydrophob oder proteingebunden, wobei die freien Aminosäuren wie z.B. das bekannte Dopamin nur in geringen Mengen vorhanden sind. Obwohl nur wenig enthalten, sind organische Säuren, Aromastoffe und phenolische Inhaltsstoffe wichtige Bestandteile der Kakaobohne. Bezüglich der phenolischen Inhaltsstoffe, sind die Flavonoide vor allem bekannt aufgrund ihrer antioxidativen Wirkung und dem Beitrag zum bitteren Geschmack der Bohne. (ebd., S.501). Hinsichtlich der Alkaloidzusammensetzung, nimmt das Theobromin mit 1-3,5% den größten Anteil der Purinbasen ein. Dennoch sind, wie auch bei der Kaffeebohne, geringe Mengen von Coffein und Theophyllin enthalten (ebd., S. 500).

3.3.5 Historische Entwicklung

Die Geburtsstunde der Kakaonutzung- und Kultivierung kann natürlich nur vage benannt werden, jedoch belegen einige Funde, dass die Pflanze schon sehr früh bei dem Volk der Olmeken[1] in Mesoamerika bekannt war. Die wohl ältesten Gefäße, in denen Reste der Frucht identifiziert werden konnten, wurden bei Ausgrabungen in Mexiko und Honduras gefunden. Diese lassen sich auf die Zeit um 1900-1000 v.Chr. datieren (Durry, 2012, S. 152).

Genauere Informationen wurden allerdings erst mit dem Volk der Maya überliefert, die den Kakao in vielfältiger Weise zu nutzen wussten. Den Begriff „Kakaw(a)“ und die Anbautechniken der Kakaopflanze übernahmen sie von den Olmeken, die die Basis für ihre weitreichende Nutzung darstellte. Hinsichtlich der Relikte gibt es die starke Vermutung, dass das Kakaogetränk und ihren vielzähligen Abwandlungen vorerst nur den Reichen vorbehalten waren (Steinecke,2015, S. 36-40). Besonders für zeremonielle Veranstaltungen wurde das wertvolle Gut vor allem den Göttern als Opfer dargebracht und im Zuge von religiösen oder weltlichen Feierlichkeiten zu sich genommen. Eine elementare

1 Erste große Hochkultur in der Region des heutigen Mexikos ungefähr im Jahre 1500 bis 400 v. Christus. Berühmt durch die riesigen Kolossalköpfe, die in den damaligen Siedlungsgebieten Mesoamerikas gefunden wurden (Durry, 2012, S. 153)

Rolle spielte dabei Ek Chuah, der Gott des Krieges, der Kaufleute und des Kakaos, dem die Olmeken huldigten.

Die Zubereitungen gab es vor allem in flüssiger kalter Form, aber auch erwärmt und als Breigerichte, die mit Gewürzen und Mais versetzt wurden. Bittere, süße oder fruchtige Getränke waren gleichermaßen bekannt, wobei der Schaum, der durch die aus der Höhe gegossenen Flüssigkeit entstand, als besonders schmackhaft galt (Roder, 2002, S. 12ff). Auch gab es berauschende Alternativen, bei denen das vergorene Fruchtmus flüssig oder fest konsumiert wurde. Eine weitere wichtige Bedeutung hatte die Kakaobohne bei Beerdigungen als besondere Grabbeigabe und im Sinne der medizinischen Versorgung. Bei Durchfall, Masern, Geburtsschmerzen und auch aufgrund seiner desinfizierenden Wirkung, wurde der Kakao als Heilmittel benutzt. Wunden, Entzündungen und sogar Schlangenbisse wurden mit Hilfe von selbst hergestellter Kakaobutter versucht zu lindern. Da der vielfältige Nutzen der Bohne durchweg Bedeutung fand, wurde sie allmählich auch als Tauschware und Zahlungsmittel eingesetzt (Durry, 2002, S. 166-171).

Zu Beginn des 16. Jahrhundert vollzog sich die Eroberung und Unterwerfung des Aztekenreichs durch die spanischen Seefahrer im heutigen Mexiko, wodurch die weltweite Verbreitung der Kakaobohne eingeleitet wurde. Da die Azteken dieselben Verwendungsmöglichkeiten wie die Mayas wählten, wurden die Erfahrungen alsbald auf dem europäischen Kontinent geteilt. Der meist eher würzig konsumierten Trank wurde von den Einheimischen als „xocolatl“[2] oder auch „kakautl“[3] bezeichnet und könnte damit der Ursprung für unseren heutigen Begriff der Schokolade bzw. des Kakaos sein (Imhoff, 1988, S. 10ff). Weitere Theorie wurden im Laufe der Zeit aufgestellt, die allerdings nicht sicher belegt werden konnten (Durry, 2002, S. 189-198).

---

2 Xocolatl entstand wohl aus den Wortteilen „xococ“ (=sauer, herb, würzig) und „atl“ (Wasser) (Finke, 1965, S. 3)

3 Kakauatl hat im Aztekischen zweierlei Bedeutung: Der Begriff bezeichnet zum einen den Kakaokern und zum anderen das Kakaowasser (Finke, 1965, S. 3)

Sonderlich beliebt war das kalte, herb-würzige Getränk bei den Spaniern vorerst nicht, doch war die Kakaobohne als Zahlungsmittel von besonderem Interesse und lieferte ihnen viele Jahrzehnte eine Monopolstellung im europäischen Handel. Im 17. Jahrhundert mit der Beigabe von Zucker, der auch alsbald über die Kolonialwege nach Europa gebracht wurde, entwickelte der Kakao als Heißgetränk eine große Popularität und wurde zur exklusiven Ware. Zwar gab es zu dieser Zeit schon Kakao der Forastero-Varietät, allerdings war dieser bei den Kolonialherren weitestgehend verpönt und als „Kakao der Armen" deklariert worden. Obwohl bis zur Mitte des 17. Jahrhunderts der Konsum hauptsächlich noch auf Spanien beschränkt war, folgte die Expansion der neuen zuckrigen Kreation allmählich über Frankreich und bis nach Nordeuropa (Hengartner, 1999, S. 122ff).

Neben dem Verkauf in Apotheken und der Ausbreitung in der primär höfischearistokratischen Welt, wurde der Kakao auch nach und nach für die gut betuchte bürgerliche Oberschicht in Schokoladenstuben erwerblich. Aufgrund der sättigenden Wirkung wurde die Kakaobohne anfangs anderen Nahrungsmitteln wie z.B. dem Mais gleichgesetzt, doch änderte sich diese Meinung unter hitzigen Diskussionen in Hinblick auf die von der Kirche geforderten Fastentage. Der Kakao durfte demnach zu jeder Zeit, wenn auch in Maßen, zu sich genommen werden. Denn nach dem Grundsatz: *„liquidum non frangit jejunum"* (Schivelbusch, 1980, S.97) galt, dass Flüssiges nicht die Fasten bricht (Imhoff, 1988, S.15).

Auch wenn der Fokus weiterhin auf dem flüssigen Genuss lag, ob wässrig, mit Eigelb, Milch oder Wein verquirlt, wurde der Kakao ab dem 18. Jahrhundert immer häufiger auch bei der Herstellung von Speisen gebraucht (Menninger, 2004. S.353-356). Anfängliche spanische Negativkritiken wie: *„Ein Getränk, welches mich vielmehr ein Säutränke als eines Menschen Getränk zu sein dünkt"* (Hengartner, 1999, S.122) wurden also alsbald abgelöst von Werbeslogans, wie *„Chocolate, made in Cake or Roll, after the Spanish Fashion"* (Menninger, 2004, S. 356). Natürlich sollte die Werbung auch den Absatz außerhalb Spaniens ankurbeln, denn die Herstellung war noch recht preisintensiv und nicht für jedermann erschwinglich (ebd., 2004, S.355-360).

Auch Begriffe wie „Gesundheitsschokolade“ waren bald alltäglich, denn der kostspielige medizinische Einsatz diente wohl zur Stärkung, Schmerzlinderung und *„Verdünnung der Säfte und Geblüht“.*

Carl von Linné griff bei der taxonomischen Einordnung der Pflanze die würdigenden Worte der Ureinwohner Mesoamerikas auf, die den Kakao auch gerne als „Speise der Götter“ bezeichneten. Aus dem Altgriechischen übersetzte er -der Gott- in *„ho theos“* und -die Speise- in *„to broma“* und kreierte damit die bis heute wissenschaftliche Bezeichnung *Theobroma cacao.* (Steinle, 2004, S. 32f).

Bis zum 19. Jahrhundert hatte sich die Herstellung des Kakaos nicht wesentlich verändert, denn die aztekische Arbeitsweise, die Bohnen über dem Feuer zu rösten und mit Reibsteinen in mühseliger Handarbeit zu einer Paste zu zerreiben, war lange gewohnte Praktik. Parallel zu den sinken Rohstoffpreisen aufgrund von hohen Produktionszahlen und im Zuge der Industrialisierung, wurden allmählich die kleinen Handwerksbetriebe zu großen Industriebetrieben, die sich vor allem zuerst in Frankreich etablierten. Die preisgünstigere Fabrikation und die Erfindung verschiedenster Verfahren zu Schokoladenherstellung ebneten den Weg zu einem Volknahrungsmittel. Beispielsweise wurde zum Vermischen der Zutaten nun ein Mélangeur genutzt, eine Eintafelanlage zur einheitlichen Produktion von Schokolade oder eine Kakaobutterpresse zur Herstellung von Kakaopulver. Zusätzlich wurde bald die erste feste Essschokolade entwickelt und darauffolgend die Milchschokolade, die mit dem von Henri Nestlé entwickeltem Milchpulver versetzt war (Durry, 2012, S. 273-278).

So fand die Schokolade auch im militärischen oder medizinischen Bereich als Stärkungsmittel vermehrt Einsatz. Auch Arbeiter oder Sportler griffen darauf zurück, um sich schnell und günstig Energie zuführen zu können. Allerdings wurden in der Herstellung teilweise Lebensmittel wie Mehl um es noch gewinnbringender an den Mann zu liefern (Hengartner, 1999, S. 125f).

In dem frühen 20. Jahrhundert war die Schokolade bereits überall auf dem Markt zu finden, was sie auch der intensiven Werbung zu verdanken hatte. Sie bot eine außergewöhnliche Spannbreite an erwerbbaren Produkten, denn sie war nun primär zum Genussmittel avanciert. Die Artikel richtete sich zum einen an bestimmte Zielgruppen oder waren für bestimmte Anlässe gedacht, so dass es z.B. Bahnhofs-, Taschen-, Theater-, Kinder- und Studentenschokolade zu kaufen gab. Auch die Sanitätsschokolade war sehr beliebt, welche verschiedene Wirkstoffe gegen körperliche Beschwerden enthielt. Nur ein Bruchteil der kuriosen Varianten waren z.B. die Eisen- und Fleischextraktschokolade gegen Blutarmut und Eisenmangel, die Pfeilwurzschokolade gegen Tuberkulose oder auch Santoninschokolade gegen Wurmbefall (Durry, 2002, 300ff). Dies verdeutlicht, dass die feste Essschokolade, die Trinkschokolade deutlich auf dem Markt überholte. Der Wirtschaftsboom in den Jahren vor dem Ersten Weltkrieg ebbte dann in den wenigen Jahren großer Zerstörung allerdings ab. Auch die Zeiten der Weltwirtschaftskrise in den 1930er war für die Schokoladenproduktion nicht sonderlich förderlich, denn viele Produzenten musste aufgrund von existentiellen Gründen ihre Herstellung limitieren. Im Zweiten Weltkrieg produzierte die deutsche Schokoladenindustrie fast ausschließlich für die Armee, so dass nur noch Schokoladengetränke für die zivile Bevölkerung erlaubt waren. Die bis heute verkaufte SCH-KA-KOLA war eine Mischung aus Kakao, Kaffee und Kolanuss, und entstand nur zu dem Zweck, vor allem den Piloten eine Notration zu bieten (Roder, 2002, S.43-45). In Zeiten des Mangels kurz nach dem Kriegsende, war Schokolade ein beliebtes Tauschobjekt und wurde rege auf dem Schwarzmarkt gehandelt. Mit dem Wiederaufbau der im Krieg zerbombten Städte siedelten sich schon bald auch wieder erste Schokoladengeschäfte an. Ab den 1960er-Jahren entwickelte sich die Schokolade weiter und es wurde der erste Schokoladenriegel durch die Firma Mars etabliert. Die allgemeine Produktion bzw. der Konsum gingen rasch bergauf und zu der Hauptzielgruppe gehörten bald vor allem Kinder, was sich auch deutlich in den Werbeslogans wiederspiegelte. Die Werbung wurde auf Kinder und Mütter ausgerichtet und so waren die Milka-Kuh und das Ü-i in

Abbildung 14: SCHO-KA-KOLA (Pinterest)

den 80er Jahren die bekanntesten Werbefiguren der deutschsprachigen Schokoladenindustrie (ebd, S. 54-65).

3.3.6 Aktueller Stand

Die heutigen Anbauregionen befinden sich hauptsächlich in den warmen Breiten über- und unterhalb des Äquators. Von der Jahresproduktionsmenge von 4.308.900 Tonnen in 2010/2011 machte Afrika hierbei den Löwenanteil des Kakaoanbaus aus. Die 3.225.700 T auf dem Kontinent teilen sich haupt-

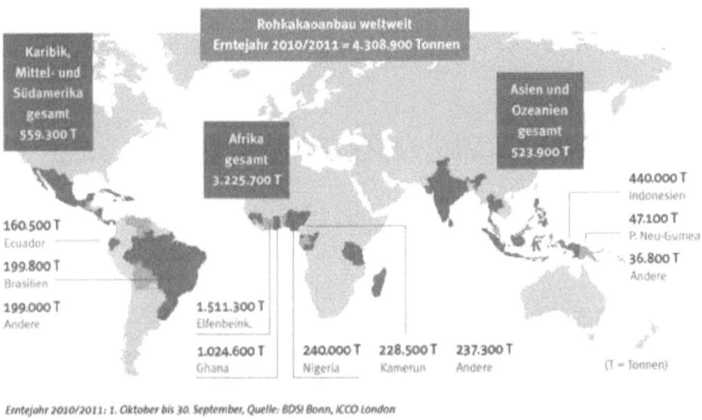

Abbildung 15: Rohkakaoanbau weltweit (Bundesverband der dt. Süßwarenindustrie)

sächlich die Länder Elfenbeinküste, Ghana, Nigeria und Kamerun (in absteigender Reihenfolge). In der Karibik sowie Mittel- und Südamerika werden dagegen nur 559.300 T geerntet. Hauptproduzenten sind hier Brasilien und Ecuador. Ähnlich großen Absatz bieten Länder in Asien und Ozeanien mit 523.900 T Jahresproduktion. Die Führung stellen Indonesien und Papua Neu Guinea dar.

Deutschland betreffend bündeln sich die Kakaolieferländer im afrikanischen Raum und zwar, allen voran die Elfenbeinküste mit etwa 57,8% der Gesamtnetto-Importe von 378.479 T im Jahr 2015. Weitere Bezugsländern sind unter anderem Ghana mit immerhin noch 15,3% und Nigeria mit 6,8% (BDSI, 2017).

Süßwaren sind bei Jung und Alt heutzutage beliebter denn je und finden sich in jedem Supermarkt, Kiosk oder Tante-Emma-Laden. Der Pro-Kopf-Verbrauch von Kakao lag in Deutschland im Wirtschaftsjahr 2014/15 bei 3,5 kg Kakao und stieg damit um 0,3% verglichen zum Vorjahr. Der Anteil von nachhaltigem Kakao in Süßwaren hat sich allerdings in den letzten Jahren auf 39% erhöht und damit verdreizehnfacht (Bundesanstalt für Landwirtschaft und Ernährung, 2016).

Liegt der Mittelpunkt der Betrachtung auf dem Verbrauch von Schokoladenwaren und kakaohaltigen Lebensmitteln insgesamt, zeigen sich jedes Jahr nur leicht schwankende Werte von um die 9,79 kg pro Person. Alleine über 50% des Pro-Kopf-Verbrauchs fallen auf gefüllte und ungefüllte Schokoladentafeln- und Riegel. Beliebt sind ebenfalls mit 3,46kg Verbrauch andere, gefüllte bzw. ungefüllte, Schokoladenerzeugnisse. Ein Bruchteil machen nur noch Pralinen, weiße Schokolade und kakaohaltige Zuckerwaren aus.

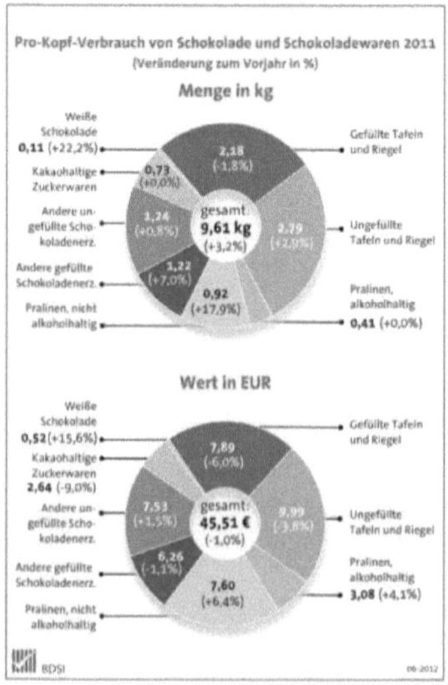

Abbildung 16: Pro-Kopf-Verbrauch von Schokolade 2015 (Infozentrum Schokolade, 2016, vergrößerte Ansicht im Anhang)

Große Produzenten sprechen deshalb aktuell von einem „gesättigten europäischen Markt", denn der Absatz hat im letzten Jahrzehnt wohl seine Höchstgrenze erreicht. Die angeführten Gründe sollen ansteigende Preise, aufgrund von zu hoher Nachfrage sein und auch die bewusstere Fokussierung auf eine gesündere bzw. nachhaltigere Lebensweise und dem damit verbundenen bewussten Blick auf Bio-Siegel und FairTrade-Schokolade. Weiter heißt es, dass die steigenden Temperaturen die Unlust auf Schokolade bewirken und zudem das vielfältigere, kakaofreie Angebot für den Konsumenten immer ansprechender wird (Müller, 2016).

Neben den bereits erwähnten kariesfördernden Schokoladenwaren, die mittlerweile weltweit bekannt sind, bringt der Kakao andere positive Eigenschaften mit und wird daher nicht nur zum Verzehr genutzt. Weiter bietet er Anwendungsmöglichkeiten in der Pharmazie und im kosmetischen Bereich. Anfangs wurde die Kakaobutter auch bei der Herstellung von Salben verwendet. Da das Erstarrungsverhalten allerdings eher ungünstig bzw. das Schmelzverhalten sehr uneindeutig ist und die Haltbarkeit stark eingeschränkt ist, wird sie heutzutage in diesem Bereich immer weniger genutzt. Allerdings wird ihre Verwendung für die Herstellung von Pflastern immer beliebter, da sie die Klebeeigenschaften erhöht. Auch bei der Herstellung von bestimmten Bakterien, Zäpfchen und Vaginalkugeln spielt die Kakaobutter eine wesentliche Rolle (Krist, 2013, S.319)

In der Kosmetikindustrie findet Kakaobutter als Zusatz für Seifen Anwendung, denn sie lässt sie erhärten und kann auch zur Überfettung[4] beitragen. Da sie bei Körpertemperatur schmilzt und angenehm riecht, findet sie sich auch häufig in Lippenpflegestiften und Lotionen. Speziell wird sie auch als Anti-Aging-Produkt in Antifaltencremes und zur Behandlung und Vorbeugung von Schwangerschaftsstreifen verwendet, da der hohe Fettgehalt die Elastizität der Haut positiv beeinflussen kann. In der Parfümerie wird zudem es als Trägermaterial zur Aufnahme von Duftstoffen aus Blüten eingesetzt, die dann mit Alkohol ausgezogen werden (ebd, S. 320).

4 Zusammenfassung

Eindeutig festzustellen ist, dass die Genussmittel Kaffee, Tabak und Kakao über Jahrhunderte hinweg ein extremes Spektrum an Anwendungsmöglichkeiten offenbart haben, die nach heutigem Wissen teilweise nicht mehr haltbar sind. Frühzeitliche Gegner der damals wenig erforschten Pflanzen konnten ih-

4 Ist die rückfettende Eigenschaft der Seife. Die Prozentzahl gibt an, wie viel Prozent der Fette und Öle nicht verseift wurden. Je höher der Wert, desto geeigneter für sehr trockene Haut (Schattenbaum).

ren heftigen Unwillen, selbst durch Prohibition oder extraordinäre Einfuhrzöllen und Steuern nicht bei der Gesellschaft durchsetzen. Auch wenn die jeweiligen Stammpflanzen teilweise relativ hohe Standortansprüche bei der Kultivierung zeigen, sind die Menschen von den Inhalts- und Wirkstoffen bis heute so überzeugt, dass der Anbau, die Nutzung und der Konsum im weltwirtschaftlichen Geschehen weiterhin eine überragende Rolle spielen. Bemerkenswert ist hierbei, dass trotz des heutigen Erkenntnisstands, der Genuss des Tabakrauchs weiterhin so beliebt ist und dadurch jährlich 5 Millionen Menschen an den Folgen des Konsums sterben.

War der damals sehr kräftige Tabakrauch wichtiger Bestandteil von Gottesanbetungen, bei denen sich die Beteiligten in einen Rausch versetzen wollten, so ist der Tabak heute zu einem reinen Genussmittel avanciert. Lange bevor das Rauchen in allen Teilen der Welt populär wurde, verwendete man die Tabakpflanze zur Zierde und ihre Inhaltsstoffe als medizinische Wunderwaffe gegen allerlei Krankheiten, für deren Wirksamkeit heute allerdings kaum mehr wissenschaftlichen Belege existieren. Die Vielfältigkeit des Tabaks dürfte jedoch nicht der Grund dafür sein, dass der Tabakkonsum bis heute Bestand hat, sondern vielmehr die stimulierende Wirkung des Rauchs, der später auch für finanziell schlechter Gestellte verfügbar war. Im Gegensatz zum Alkohol hat der in Europa konsumierte Tabakrauch keine Benommenheit des Geistes zur Folge, sondern schafft Anregung und Sättigung, was sich besonders zu Zeiten von Hungersnöten und Krieg als besonders günstig darstellte. Aufgrund des enthaltenden Alkaloids Nicotin, das letztendlich zur dauerhaften Abhängigkeit und Sucht führt, ist es vielen Konsumenten schnell nicht mehr möglich, vom Tabak abzulassen. Dies dürfte wohl der entscheidende Grund dafür sein, dass es bis heute nicht gelungen ist, das weltweite Rauchen einzustellen. Immerhin wird zunehmend darauf geachtet, mit schadstoffarmen Zigaretten oder der E-Zigarette, den schädlichen Genuss etwas einzudämmen. Nicht vergessen werden sollte aber auch der gesellschaftliche Aspekt, der bei allen drei untersuchten Genussmitteln eine wichtige Rolle spielt. Damals etablierten sich zunehmend sogenannte Raucher- bzw. Herrenzimmer, Kaffeehäuser und Kakaostuben, in denen man seinem Genuss frönen konnte, gesellig beisammensaß und Diskussionen oder Gespräche führte. Bis heute verbindet der Genussmittelkonsum Menschen miteinander, sei es bei der gemeinsamen Raucherpause auf der Arbeit oder bei einer Tasse Kaffee oder heißen Schokolade und einem Stück Kuchen im Café. Hinsichtlich der Entwicklung des Kaffeegebrauchs können sich Parallelen zum Tabakkonsum ziehen lassen. Denn auch die Kaffeebohne wurde primär aufgrund ihrer belebenden Wirkung über Jahrhunderte hinweg genutzt und fand ebenso im medizinischen Bereich bei vielerlei Krankheiten Anwendung. Da der Kaffee im Vergleich zum Tabak eine exklusivere Ware darstellte und deutlich aufwendiger in der Zubereitung war, wurde beizeiten sogar versucht, den gewünschten Effekt des Kaffee mit Ersatzgetränken nachzuahmen. Die Entdeckung des Coffeins ließ auch weitere Beweisführungen in Bezug auf die Ungefährlichkeit des Kaffeetrinkens zu, so dass bald wenig Gründe für den Verzicht auf Kaffee existierten. Noch heute sind sich die Wissenschaftler nicht absolut einig, ob der Genuss grundsätzlich keine Risiken birgt, allerdings geht die Tendenz eher zu einer gesundheitsfördernden Wirkung, als zu einer Schädlichen. Im Vergleich zu den zwei Genussmitteln Kaffee und Tabak, ist beim Kakao nicht zwingend der Hauptwirkstoff Theobromin für die Popularität verantwortlich, sondern vielmehr ist der Geschmack eine elementare Komponente. Wurde die Kakaofrucht anfangs noch als „Speise der Götter", den Gottheiten bei Zeremonien dargebracht und später sogar als wertvolles Zahlungsmittel in den Kolonien eingesetzt, so entwickelte sich die Kakaobohne erst sehr langsam zu dem wohlschmeckenden Genussmittel, wie wir es heute kennen. Überzeugend wirkte die ursprüngliche würzige Zubereitung der Kakaofrucht nicht überall, allerdings wurde auch hier der Einsatz im medizinischen Bereich als äußerst sinnvoll angepriesen. Diese Meinung hielt sich auch durchaus bis ins 20. Jahrhundert. Obwohl die Kakaobohne erst relativ spät im Zuge der Industrialisierung zum erschwinglichen Massenprodukt wurde, hat sie doch bei der Vielfalt an Zubereitungsmöglichkeiten über Jahrhunderte hinweg ihre Wandelbarkeit gezeigt. Mit der Beimischung von Zucker wirken Produkte aus der Kakaobohne, unabhängig vom Alter, für Jedermann attraktiv. Diese wichtige Tatsache hat die heutige Schokolade den anderen beiden Genussmitteln weit voraus.

5 Literatur

Buch (Monographie)

Alberts, Andreas; Mullen, Peter (2000): Psychoaktive Pflanzen, Pilze und Tiere. [von Fliegenpilz bis Teufelsbeere ; Bestimmung, Wirkung, Verwendung]. Stuttgart: Kosmos.

Bäumler, Siegfried (2012): Heilpflanzenpraxis heute. Heilpflanzenportraits. 2. Aufl. s.l.: Urban Fischer Verlag - Lehrbücher.

Beiglböck, Wolfgang (2016): Koffein. Genussmittel oder Suchtmittel? Berlin, Heidelberg, s.l.: Springer Berlin Heidelberg.

Bellmann, Klaus; Himpel, Frank (2006): Fallstudien zum Produktionsmanagement. Wiesbaden: Betriebswirtschaftlicher Verlag Dr. Th. Gabler | GWV Fachverlage GmbH Wiesbaden.

Binding, Lothar (2008): Kalter Rauch. Der Anfang vom Ende der Kippenrepublik. Freiburg: Orange Press.

Durry, Andrea; Schiffer, Thomas (2012): Kakao. Speise der Götter. München: Oekom-Verl. (Stoffgeschichten, 7).

Ebermann, Robert; Elmadfa, Ibrahim (2008): Lehrbuch Lebensmittelchemie und Ernährung. Wien: Springer.

Fincke, Heinrich; Fincke, Albrecht (1965): Handbuch der Kakaoerzeugnisse. Zweite Auflage. Berlin, Heidelberg: Springer.

Frey, H.-H.; Löscher, Wolfgang (2010). Lehrbuch der Pharmakologie und Toxikologie für die Veterinärmedizin. 2. Auflage, Enke: Stuttgart.

Imhoff, Hans (1988): Kakao. Das wahre Gold der Azteken. Düsseldorf: Econ-Verl.

Krieger, Martin (2011): Kaffee. Geschichte eines Genussmittels. Köln: Böhlau.

Krist, Sabine (2013): Lexikon der pflanzlichen Fette und Öle. 2. Aufl. 2013. Vienna: Springer.

Lieberei, Reinhard; Reisdorff, Christoph; Franke, Wolfgang (2007): Nutzpflanzenkunde. 118 Tabellen. 7., vollst. überarb. und erw. Aufl. Stuttgart: Thieme.

Menninger, Annerose (2004): Genuss im kulturellen Wandel. Tabak, Kaffee, Tee und Schokolade in Europa (16. - 19. Jahrhundert). Zugl.: München, Univ. der Bundeswehr, Habil.-Schr., 2003 u.d.T.: Menninger, Annerose: Genuss und kultureller Wandel. Stuttgart: Steiner (Beiträge zur Wirtschafts- und Sozialgeschichte, 102).

Neuberger, Günter (1988): Zum Beispiel Kaffee. Orig.-Ausg., 1. Aufl. Bornheim-Merten: Lamuv (Süd-Nord, 12).

Rätsch, Christian (2004): Enzyklopädie der psychoaktiven Pflanzen. Botanik, Ethnopharmakologie und Anwendung. 7. Aufl. Aarau: AT-Verl.

Schimmel, Ulrich; Schimmel, Helga (2009): Indianische Genussmittel, Rohstoffe und Farben. Von Konquistadoren entdeckt und von der alten Welt genutzt. Göttingen: Verl. Die Werkstatt.

Schivelbusch, Wolfgang (1981): Das Paradies, der Geschmack und die Vernunft. Eine Geschichte der Genußmittel. 2. Aufl. München: Hanser.

Schmidbauer, Wolfgang; Vom Scheidt, Jürgen; Schulenberg, Monika (2004): Handbuch der Rauschdrogen. Überarb. und erw. Neuausg. Frankfurt am Main: Fischer-Taschenbuch-Verl. (Fischer-Sachbücher, 16277).

Steinle, Robert Fin (2004): Schokolade. Nahrungsmittel oder Pausenfüller? : [Begleitband zur Sonderausstellung "Der Siegszug der süßen Verführung - Schokolade" im Knauf-Museum Iphhofen]. Dettelbach: Röll.

Vermeulen, Nico (2005): Illustrierte Kräuter-Enzyklopädie. 1. Aufl. Eggolsheim: Edition Dörfler im Nebel Verl.

Zietemann, B. (2011): Die Welt des Kaffees. Ein kompakter Überblick. Hamburg.

Buch (Sammelwerk)

Geßner, Otto; Orzechowski, Gerhard (Hg.) (1974): Gift- und Arzneipflanzen von Mitteleuropa. 3. Aufl. Heidelberg: Winter.

Groneberg, David; Haustein, Knut-Olaf (Hg.) (2008): Tabakabhängigkeit. Gesundheitliche Schäden durch das Rauchen. 2. Aufl. Berlin, Heidelberg: Springer-Verlag. Online verfügbar unter http://site.ebrary.com/lib/alltitles/docDetail.action?docID=10223134.

Roder, Hartmut (Hg.) (2002): Schokolade. Geschichte, Geschäft und Genuss. Übersee-Museum Bremen; Ausstellung Schokolade - die süßen Seiten Bremens. Bremen: Ed. Temmen (Bremer Handelsgüter).

Singer, Manfred V.; Batra, Anil; Mann, Karl (Hg.) (2011): Alkohol und Tabak. Grundlagen und Folgeerkrankungen: 87 Tabellen. Unter Mitarbeit von Peter Feick. Stuttgart, New York: Georg Thieme Verlag.

Internetdokument

Adam, O.; Forth, W. (2001): Coffein. Hg. v. Deutsches Ärzteblatt. Online verfügbar unter https://www.aerzteblatt.de/pdf/98/43/a2816.pdf, zuletzt geprüft am 27.02.2017.

Andreas Macho (2016): Wasserpfeifen: Der illegale Boom der Shisha-Bars. Hg. v. Wirtschaftswoche. Online verfügbar unter http://www.wiwo.de/unternehmen/dienstleister/wasserpfeifen-der-illegale-boom-der-shisha-bars/13612558.html, zuletzt geprüft am 26.02.17.

Bayerischer Rundfunk (2016): Die Tabakpflanze. Schnupftabak, Zigarren und Zigaretten. Online verfügbar unter http://www.br.de/radio/bayern2/wissen/radiowissen/mensch-natur-umwelt/tabak-pflanze-formen-100.html, zuletzt geprüft am 02.03.2017.

Birger, Nicolai (2013): Pro Sekunde trinken Deutsche 2315 Tassen Kaffee. Hg. v. Die WeltN24 GmbH. Online verfügbar unter https://www.welt.de/wirtschaft/article116668377/Pro-Sekunde-trinken-Deutsche-2315-Tassen-Kaffee.html, zuletzt geprüft am 23.03.2017.

British American Tobacco Germany (2014): Andere Tabakprodukte. Online verfügbar unter http://www.bat.de/group/sites/BAT_7TYF37.nsf/vwPagesWebLive/DO7VHAUE?opendocument, zuletzt geprüft am 25.03.2017.

Buch, C.; Höggemeyer, A. (2013): Coffea arabica und C. canephora - Kaffeestrauch (Rubiaceae). Online verfügbar unter https://www.botanik-bochum.de/jahrbuch/Pflanzenportraet_Coffea.pdf, zuletzt geprüft am 29.03.2017.

Bundesanstalt für Landwirtschaft und Ernährung (2016): Kakaoverbrauch in Deutschland gestiegen, zuletzt geprüft am 09.03.2017.

Deutscher Kaffeeverband (a): Inhaltsstoffe. Hamburg. Online verfügbar unter http://www.kaffeeverband.de/kaffeewissen/kaffee-und-gesundheit/inhaltsstoffe, zuletzt geprüft am 23.03.2017.

Deutscher Kaffeeverband (a): Welthandel. Online verfügbar unter http://www.kaffeeverband.de/kaffeewissen/vom-roh-zum-roestkaffee/handel/welthandel, zuletzt geprüft am 24.03.2017.

Deutsches grünes Kreuz für Gesundheit: Thema: Inhaltsstoffe allgemein. Online verfügbar unter http://www.kaffee-wirkungen.de/wirkungen/inhaltsstoffe/inhaltsstoffe-allgemein/, zuletzt geprüft am 23.03.2017.

Deutsches Krebsforschungszentrum (2005): Erhöhte Gesundheitsgefährdung durch Zusatzstoffe in Tabakerzeugnissen – Konsequenzen für die Produktregulation. Heidelberg, zuletzt geprüft am 25.03.2017.

Deutsches Krebsforschungszentrum (2011): Perspektiven für Deutschland: Das Rahmenübereinkommen der WHO zur Eindämmung des Tabakgebrauchs. Hg. v. Deutsches Krebsforschungszentrum. Heidelberg. Online verfügbar unter https://www.dkfz.de/de/tabakkontrolle/download/Publikationen/sonstVeroeffentlichungen/Das_Rahmenuebereinkommen_der_WHO_zur_Eindaemmung_des_Tabakgebrauchs_FCTC.pdf, zuletzt geprüft am 25.02.17.

Deutsches Krebsforschungszentrum (2015): Gesundheitsrisiko Nikotin. Fakten zum Rauchen. Heidelberg, zuletzt geprüft am 15.03.2017.

Deutsches Krebsforschungszentrum (2015): Tabakatlas Deutschland 2015. Online verfügbar unter http://www.dkfz.de/de/tabakkontrolle/download/Publikationen/sonstVeroeffentlichungen/Tabakatlas-2015-final-web-dp-small.pdf, zuletzt geprüft am 17.02.2017.

Deutsches Krebsforschungszentrum: Wirkungsweise des Nikotins. Online verfügbar unter http://www.dkfz.de/de/rauchertelefon/Nikotin_Wirkung.html, zuletzt geprüft am 28.02.2017.

Die Zeit (2003). Online verfügbar unter http://www.zeit.de/wohlfuehlen/Rauchkultur, zuletzt geprüft am 20.02.2017.

Dörken, V. M.; Höggemeier, A. (2014): Theobroma cacao – Kakao (Sterculiaceae), die Speise der Götter. Online verfügbar unter https://www.botanik-bochum.de/jahrbuch/Pflanzenportraet_Theobroma_cacao.pdf, zuletzt geprüft am 02.03.2017.

DR. CLEMENS BAYER, DR. HILKE STEINECKE, DR. GUNVOR POHL-APEL, THEODOR C. H. COLE (2015): Cacao - Geschichte eines Welterfolgs, zuletzt geprüft am 05.03.2017.

Friemel, Kerstin (2007): Ende...oder? Hg. v. Brand eins Wissen. Online verfügbar unter https://www.brandeins.de/wissen/neuland/die-suedpfalz/ende-oder/, zuletzt geprüft am 29.02.2017.

Gartenzeitung: Wohin mit dem alten Kaffeesatz? Online verfügbar unter http://magazin.gartenzeitung.com/Gartentipps-quer-Beet/kaffeesatz-garten.html, zuletzt geprüft am 22.03.2017.

Giebelmann, R; Logemann, E.; Arndt, T. (2011). Kulturgeschichtliches zu den Rötegewächsen. Verfügbar unter: https://www.gtfch.org/cms/images/stories/media/tk/78_3/giebelmann1.pdf, zuletzt geprüft am 12.02.2017

Gunther Hess (2014): Tabak: Ein Heilmittel gegen alle möglichen Kankheiten. Hg. v. nordbayern, zuletzt geprüft am 20.02.17.

Hanna-Lotte Mikuteit (2016): Kaffee trinkt man heute gefiltert, kalt und aus Flachmännern. Hg. v. Hamburger Abendblatt, zuletzt geprüft am 19.03.2017.

Hecking, C. (2014): Philip Morris lanciert rauchfreie Marlboro. Hg. v. Spiegel Online. Online verfügbar unter http://www.spiegel.de/wirtschaft/unternehmen/rauchfreie-marlboro-philip-morris-verkauft-zigarettenimitat-a-977670.html, zuletzt geprüft am 25.03.2017.

Heinrich, Dr. Christian (2016): Tabak - früher ein Allheilmittel, heute ein Gesundheitsrisiko. Hg. v. Apotheken-Umschau.

Jesinghaus, I.; Philippsen. U: Alternativer Sucht- und Drogenbericht 2014. Hg. v. Deutsche AIDS-Hilfe. Online verfügbar unter https://www.aidshilfe.de/sites/default/files/documents/2014-06-30%20ADSB%20Cover%20innen.pdf, zuletzt geprüft am 28.02.2017.

Johann Werfring (2011): Heilsamer Tabakqualm als Hilfe für Ertrinkende. Hg. v. Wiener Zeitung. Online verfügbar unter http://www.wienerzeitung.at/nachrichten/kultur/museum/412903_Heilsamer-Tabakqualm-als-Hilfe-fuer-Ertrinkende.html, zuletzt geprüft am 24.02.17.

Marianne Lauerer (2012): Theobroma – der Kakaobaum, zuletzt geprüft am 02.03.2017.

Müller, Lara Maire (2016): Wir sind satt. Hg. v. Frankfurter allgemeine Zeitung. Online verfügbar unter http://www.faz.net/aktuell/wirtschaft/unternehmen/der-europaeische-schokoladenmarkt-ist-gesaettigt-14388597.html, zuletzt geprüft am 09.03.1017.

National Center for Biotechnology Information (2004): Theobromine. Online verfügbar unter https://pubchem.ncbi.nlm.nih.gov/compound/theobromine#section=Top, zuletzt geprüft am 16.03.2017.

Olmo, H.P. (1934): Cytological Studies of Monosomic and Derivative Types of Nicotiana tabacum. Verfügbar unter: https://www.jstage.jst.go.jp/article/cytologia1929/7/1-2/7_1-2_143/_pdf, zuletzt geprüft am 08.03.2017.

Pharmazeutische Zeitung (2016 (a)): WHO-Behörde: Krebsgefahr durch Kaffee nicht belegt. Online verfügbar unter http://www.pharmazeutische-zeitung.de/index.php?id=63841, zuletzt geprüft am 27.03.2017.

Pharmazeutische Zeitung (2016 (b)): Das Gute in der Bohne. Online verfügbar unter http://www.pharmazeutische-zeitung.de/index.php?id=64488, zuletzt geprüft am 27.03.2017.

Proplanta (2017): Tabak Geschichte - Kulturpflanzen. www.proplanta.de. Online verfügbar unter http://www.proplanta.de/Tabak/Geschichte-Tabak_Pflanze1147190748.html, zuletzt aktualisiert am 06.02.2017, zuletzt geprüft am 06.02.2017.

Proplanta: Systematik. Online verfügbar unter http://www.proplanta.de/Tabak/Systematik-Tabak_Pflanze1148023631.html, zuletzt geprüft am 12.02.2017.

Robusto (2010). Geschichte des Kaffees. Verfügbar unter: http://www.rohkaffees.de/geschichte-des-kaffees.html, zuletzt geprüft am 29.02.2017

Schmidt, Sabine: Kaffee - Spezialitäten. Hg. v. Institut für Arbeit und Wirtschaft. Online verfügbar unter http://www.iaw.uni-bremen.de/opti-qua/downloads/2011-10-11-lb-lsh-kaffee.pdf, zuletzt geprüft am 26.02.2017.

Schmitz, Alfried (2016): Tabak – ein Kraut für alle Fälle? Hg. v. Planet Wissen. Online verfügbar unter http://www.planet-wissen.de/gesellschaft/rauschmittel/nikotin/pwietabakeinkrautfuerallefaelle100.html, zuletzt geprüft am 15.02.17.

Statistisches Bundesamt (2017). Online verfügbar unter https://www.destatis.de/DE/Publikationen/Thematisch/FinanzenSteuern/Steuern/Verbrauchsteuer/AbsatzTabakJ2140911167004.pdf?__blob=publicationFile, zuletzt geprüft am 26.02.17.

Universität Bayreuth: Nicotin - Der wichtigste Inhaltsstoff im Tabak. Online verfügbar unter http://www.obg.uni-bayreuth.de/de/Aktuelles/Ausstellungen/Ausstellungen_Archiv/2005_Tabak/Tabak_pdfs/20_Nikotin_cc.pdf, zuletzt geprüft am 26.03.2017.

Weiß, Claudia (2007): Koffein. Hg. v. Ernährungs Umschau. Online verfügbar unter https://www.ernaehrungs-umschau.de/fileadmin/Ernaehrungs-Umschau/pdfs/pdf_2007/04_07/EU04_210_215.pdf, zuletzt geprüft am 13.03.2017.

World Health Organization (2012): WHO Global Report. Mortality Attributable of Tobacco. Hg. v. World Health Organization. Online verfügbar unter http://apps.who.int/iris/bitstream/10665/44815/1/9789241564434_eng.pdf, zuletzt geprüft am 05.03.2017.

Zeitschriftenaufsatz

Zielinski, Johanna (2014): Genussmittel – Überblick und Tipps zum Loslassen. In: Ernährung & Medizin 29 (04).

Bildquelle

Brandeins (2016). Kaffee in Zahlen. Verfügbar unter: https://www.brandeins.de/fileadmin/redaktion/wissen/kaffee_in_zahlen/Kaffeereport2016.pdf, (eingesehen am 23.02.2017)

Bundesverband der deutschen Süßwarenindustrie e.V. (2015). Rohkakaoanbau weltweit. Verfügbar unter: https://www.bdsi.de/positionen-themen/nachhaltigkeit/kakaosektor/zahlen-und-fakten/ (eingesehen am 26.03.2017)

Dörken, Veit Martin. Theobroma cacao – Kakao (Sterculiaceae), die Speise der Götter. Verfügbar unter: https://www.botanik-bochum.de/jahrbuch/Pflanzenportraet_Theobroma_cacao.pdf (eingesehen am 27.03.2017)

Gros, Hans (1997). Rausch und Realität Bd2, Stuttgart

Infozentrum Schokolade (2015): Kakao-Anbau-und Verarbeitung. Verfügbar unter: http://www.infozentrum-schoko.de/schokoladen-verbrauch.html (eingesehen am 09.03.2017)

Landesmuseum Koblenz (2015). Ein spannendes Objekt von Blauer Dunst: Ein Raucherstuhl. Verfügbar unter: https://twitter.com/landesmuseumko/status/677075871736406016 (eingesehen am 12.03.2017)

Leaf and Bean Coffee Co. Verfügbar unter: http://leafandbeancoffeeco.com/wp-content/uploads/2015/07/map2.png (eingesehen am 12.03.2017)

Pinterest. Always buy Chesterfield. Verfügbar unter: https://de.pinterest.com/pin/321796335844981842/ (eingesehen am 14.03.2017)

Pinterest. SCHO-KA-KOLA. Verfügbar unter: https://uk.pinterest.com/pin/417286721699673189/ (eingesehen am 28.03.2017)

Statistisches Bundesamt (2016). Finanzen und Steuern. Verfügbar unter https://www.destatis.de/DE/Publikationen/Thematisch/FinanzenSteuern/Steuern/Verbrauchsteuer/AbsatzTabakJ2140911167004.pdf?__blob=publicationFile (eingesehen am 24.03.2017)

Stueber, Kurt (2003). Köhler's Medizinal-Pflanzen in naturgetreuen Abbildungen mit kurz erläuterndem Texte (1887). Verfügbar unter http://caliban.mpipz.mpg.de/koehler2/high/DSC_3061.html, (eingesehen am 16.02.2017)

Vapingpost (2015): Imperial Tobacco runs a study on Philip Morris' iQOS (heat stick). Verfügbar unter: http://www.vapingpost.com/2015/11/06/imperial-tobacco-runs-a-study-on-philip-morris-iqos-heat-stick/ (eingesehen am 15.03.2017)

Wikipedia. Nicotiana tabacum. Verfügbar unter: https://ast.wikipedia.org/wiki/Nicotiana_tabacum#/media/File:Nicotiana_tabacum_-_K%C3%B6hler%E2%80%93s_Medizinal-Pflanzen-098.jpg (eingesehen am 26.02.2017)

Anhang

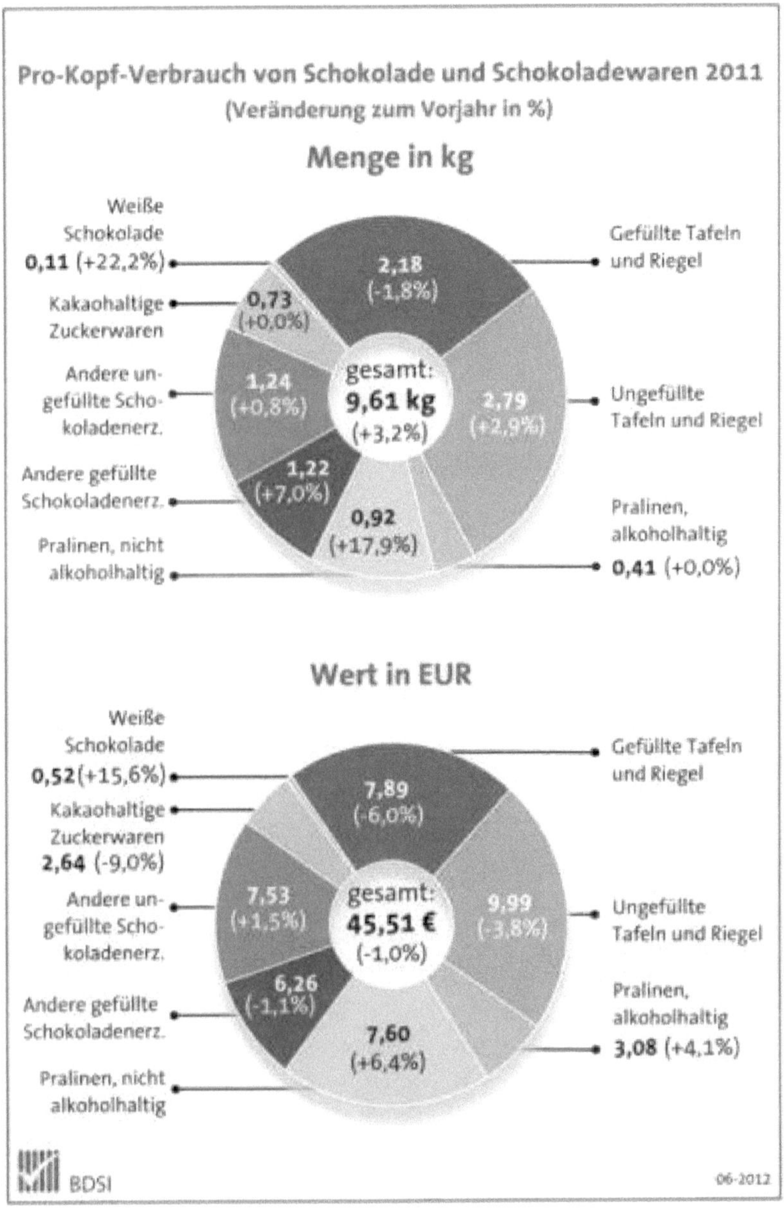
Pro-Kopf-Verbrauch von Schokolade und Schokoladewaren 2011
(Veränderung zum Vorjahr in %)
Menge in kg
Weiße Schokolade 0,11 (+22,2%)
Kakaohaltige Zuckerwaren 0,73 (+0,0%)
Andere ungefüllte Schokoladenerz. 1,24 (+0,8%)
Andere gefüllte Schokoladenerz. 1,22 (+7,0%)
Pralinen, nicht alkoholhaltig 0,92 (+17,9%)
Gefüllte Tafeln und Riegel 2,18 (-1,8%)
Ungefüllte Tafeln und Riegel 2,79 (+2,9%)
Pralinen, alkoholhaltig 0,41 (+0,0%)
gesamt: 9,61 kg (+3,2%)
Wert in EUR
Weiße Schokolade 0,52(+15,6%)
Kakaohaltige Zuckerwaren 2,64 (-9,0%)
Andere ungefüllte Schokoladenerz. 7,53 (+1,5%)
Andere gefüllte Schokoladenerz. 6,26 (-1,1%)
Pralinen, nicht alkoholhaltig 7,60 (+6,4%)
Gefüllte Tafeln und Riegel 7,89 (-6,0%)
Ungefüllte Tafeln und Riegel 9,99 (-3,8%)
Pralinen, alkoholhaltig 3,08 (+4,1%)
gesamt: 45,51 € (-1,0%)
BDSI
06-2012

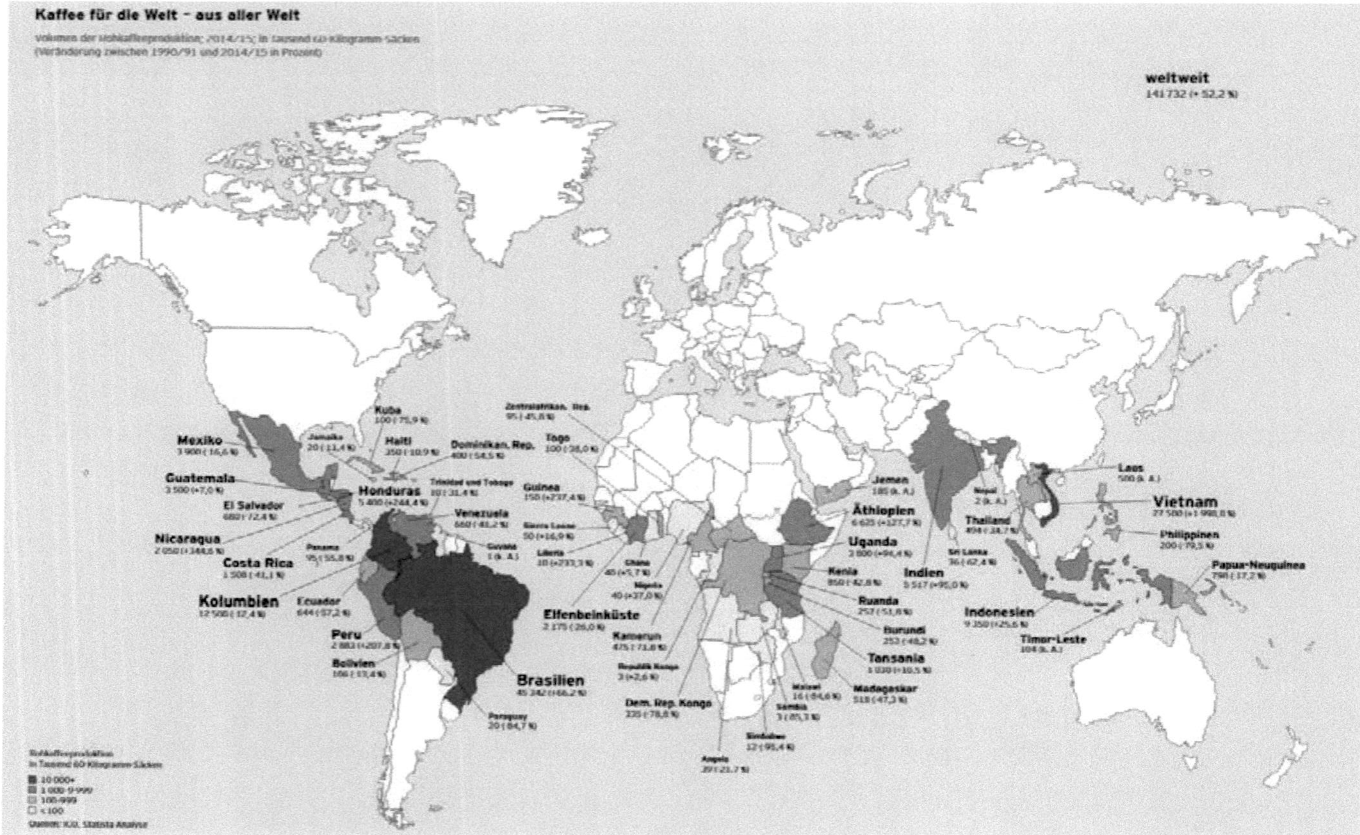

Kaffee für die Welt – aus aller Welt
weltweit
141 732 (+ 52,2 %)
Mexiko
Guatemala
El Salvador
Nicaragua
Costa Rica
Kolumbien
Honduras
Kuba
Haiti
Dominikan. Rep.
Venezuela
Ecuador
Peru
Bolivien
Brasilien
Paraguay
Togo
Guinea
Elfenbeinküste
Kamerun
Dem. Rep. Kongo
Jemen
Äthiopien
Uganda
Kenia
Ruanda
Burundi
Tansania
Madagaskar
Indien
Nepal
Thailand
Sri Lanka
Laos
Vietnam
Philippinen
Papua-Neuguinea
Indonesien
Timor-Leste